樱桃优质丰产高效栽培技术

刘遵春　主编

中国农业出版社

内容提要

樱桃具有“早春第一果”的美誉，且结果早、见效快，樱桃栽培已成为目前农村产业结构调整和广大农民脱贫致富的有效途径之一。本书系统介绍了樱桃的主要种类和优良品种、樱桃的生物学特征、樱桃的苗木繁殖技术、樱桃园的建立、樱桃园的土肥水管理技术、樱桃整形修剪技术、樱桃花果管理技术、樱桃的病虫害防治技术以及樱桃果实的采收、分级及贮运等内容，能为樱桃优质丰产高效栽培提供技术支撑。本书可供广大樱桃种植户参考阅读。

主　　编　刘遵春

副 主 编　豁泽春　杨朝霞

编　　委　刘遵春　豁泽春　杨朝霞

前言

樱桃果实成熟早，素有“早春第一果”的美誉。樱桃果实不仅颜色艳丽，而且味道甘甜、营养丰富。每100g樱桃果实中含水分83g、蛋白质1.4g、脂肪0.3g、糖8g、碳水化合物14.4g、热量276kJ、粗纤维0.4g、灰分0.5g、钙18mg、磷18mg、铁5.9mg、胡萝卜素0.15mg、硫胺素0.04mg、核黄素0.08mg、尼可酸0.4mg、抗坏血酸3mg、钾258mg、钠0.7mg、镁10.6mg。含铁量多达5.9mg，居于水果首位；另含丰富的维生素A，维生素A含量比葡萄、苹果、橘子多4～5倍。此外，还含有维生素B、维生素C及钙、磷等矿物元素。所以，食用樱桃具有促进血红蛋白再生及防癌的功效。

本书共分9章：概述、樱桃的主要种类和优良品种、樱桃的生物学特征、樱桃的苗木繁殖技术、樱桃园的建立、樱桃园的土肥水管理技术、樱桃的整形修剪技术、樱桃的花果管理技术、樱桃的病虫害防治技术以及樱桃果实的采收、分级及贮运等。编者力求内容丰富，文字简练，重点突出，技术先进，图文并茂，可操作性强。本书适合广大樱桃种植户和果树科技工作者阅读参考。

本书出版承蒙国家自然科学基金——河南联合基金项目“新疆野苹果遗传图谱构建及重要农艺性状QTL定位”（U1304323）的资助，在此表示感谢！本书由刘遵春主持编写，其中第一章、第二章和第三章由商丘学院豁泽春和杨朝霞撰写，第四章、第五章、第六章和第七章由河南科技学院刘遵春和商丘学院豁泽春撰写，第八章和第九章由河南科技学院刘遵春和商丘学院杨朝霞撰写。最后由刘遵春统稿、定稿。

在本书的编写过程中，编者借鉴和参考了多位同行的有关书籍和论文，在此特向原作者表示衷心的感谢！由于编者水平所限，时间仓促，难免存在错误和纰漏之处，敬请读者和同行专家指教。

编　者

2015年8月

目录

概　述

一、樱桃栽培的意义

樱桃在落叶果树中果实成熟最早，为“百果之先”，正处春末夏初果品市场上新鲜果品青黄不接的时期。樱桃填补了鲜果供应的空白。对丰富市场、均衡果品周年供应、满足人民消费需要方面起着重要的作用。樱桃果实色泽鲜艳，玲珑晶莹，果实肉嫩多汁，甜酸可口，营养丰富，外观和内在品质皆佳，被誉为“果中珍品”。据分析，每100g可食部分中含碳水化合物12.3～17.5g，其中糖分11.9～17.1g，蛋白质1.1～1.6g，有机酸1.0g；含多种维生素，胡萝卜素为苹果含量的2.7倍，维生素C的含量超过苹果和柑橘；含较多的钙、磷、铁，其中铁的含量在水果中居首位，比苹果、梨、柑橘高20多倍。樱桃还有药用价值，其果实、根、枝、叶、核皆可药用，叶片和枝条煎汤服用可治疗腹泻和胃痛。老根煎汤服用可调气活血，平肝去热。种子油中含亚油酸8%～44%，是治疗冠心病、高血压的药用成分。樱桃果实有促进血红蛋白再生作用，贫血患者、眼角膜病者、皮肤干燥者多食甚为有益。

樱桃果实的生长发育期短，其间一般不打药。因此，不易被农药污染，是真正的“绿色食品”。樱桃果实一般用于鲜食，也适宜加工制成糖水樱桃罐头、樱桃汁、樱桃酒、樱桃脯、樱桃酱、樱桃羹、樱桃干、什锦樱桃等20余种产品。近几年鲜果及其加工制品每年都有一定量出口。樱桃花期早，是早春的蜜源植物，可促进早春蜂群的繁殖和发展。樱桃树姿秀丽，花朵茂盛，果实绯红犹如玛瑙，又似宝石，甚为美观，是园林绿化及发展庭院经济的优良树种。

樱桃园管理比较省工，由于樱桃果实的生长期很短，从樱桃能食用到采摘约10天时间，所以看守果园时间也只需10天左右，这就比其他果实大为省工。另外，樱桃的病虫害比较少，没有蚜虫危害，基本上没有侵害果实的食心虫及其他果实病害。在北京顺义高丽营和马坡乡的樱桃园，每年只打2次农药（附近的苹果树要打10次农药），而生长结果很正常。另外，目前大樱桃投资少、产值高，是当前落叶果树中经济效益最高的树种，特别是发展反季节的塑料大棚樱桃，经济效益则更高。发展樱桃生产的确是农民脱贫致富，提前进入小康的有效途径。

樱桃是北方落叶果树中成熟最早的果树树种。春末夏初，正当果品市场鲜果缺乏之际，中国樱桃首先供应市场，弥补早期果品市场的空缺，继而又有大樱桃应市，与草莓、早熟桃、杏等相衔接，在调节鲜果淡季、均衡果品周年供应和满足人民需求方面具有特殊的作用。

樱桃具有抗旱耐瘠薄，适应性较强，成本低，经济效益高等特点，是北方落叶果树中经济效益最高的树种之一。特别是在内陆春早、小气候好、果实成熟早的地区，售价更高，经济效益更为可观。因此，因地制宜地发展樱桃生产，对开发山区、脱贫致富具有重要意义。如山东平邑县栽植的4年生中国樱桃，亩*产 1 388.7kg，每千克 3～4 元，扣除成本 100 元，亩纯收入达 4 000 元以上。滕州市闫羊庄乡大西庄村栽植的 13 亩 10 年生的甜樱桃园，1996 年总产 6 000 多千克，平均价格每千克 40 多元，总收入达 20 多万元。泰安北集坡镇小庄村，栽植的 44 株甜樱桃树，1996 年纯收入达 2.2 万元。山东烟台罐头厂是国内唯一加工出口甜樱桃罐头的厂家，1995 年加工出口甜樱桃罐头 3.5 吨，创汇 100 多万美元。

二、概　况

在温带比较寒冷的地区，樱桃和李子是仅次于苹果和梨的两种重要果树。樱桃属植物约有 120 种以上，世界上作为果树栽培的仅有 4 种，即中国樱桃（*Prunus pseudo cerasus* L.）、欧洲甜樱桃（*Prunus auium* L.）、欧洲酸樱桃（*Prunus cerasus* L.）和毛樱桃（*Prunus tomentosa* Thunb）。供作砧木用的有马哈利樱桃、山樱桃、山樱花、沙樱桃及酸樱桃与草原樱桃的杂交种等。在樱桃的 4 个栽培种中，尤以中国樱桃、欧洲甜樱桃、欧洲酸樱桃为最重要。

中国樱桃原产于中国，据考证已有 3 000 多年的栽培历史。我国考古工作者，在 1965 年从湖北江陵战国时期的古墓中发掘出樱桃种子，经鉴定是中国古樱桃。古代文献中也有许多关于樱桃的记载，西汉古书《尔雅》（公元前 2 世纪）中记载："楔荆，即樱桃"。东汉时期的古书《四民月令》（公元 140—160）中有"羞以含桃，先荐寝庙"的记载。到北魏（公

* 亩为非法定计量单位，1 公顷＝15 亩。

元 533—544）时期，北魏的高阳（今山东临淄西北）太守贾思勰著《齐民要术》对樱桃的栽培技术有了详细记述："二月初，山中取栽；阳中者还种阳地，阴中者还种阴地（若阴阳异地则难生，生亦不实。此果性阴地，既入园圃，便是阳中故多难得生，易坚实之地，不可用虚粪也）"。足见我国自古以来就很珍视这种水果，许多中国樱桃的品种在我国广泛保存下来，虽然栽培数量不多，但分布很广，北起辽南、华北，南至云南、贵州，西到青海、甘肃、新疆都有栽培，尤以江苏、山东、安徽、浙江栽培最多。但由于种种原因，中国樱桃一直没有经过现代育种技术的改良，发展缓慢。近年来，由于中国实施了改革开放政策，经济发展迅速，人民生活大幅度提高，对鲜果需求增长，早熟、质优、高产的中国樱桃优良品种的栽培有增长趋势。在种质资源利用上，中国樱桃的早熟、质优的特点更引起了包括英国、乌克兰、俄罗斯等国的育种家的重视，随着胚子不减数育种新技术的利用和发展，早熟、质优、大果、耐贮运、丰产的中国樱桃新品种将可能选育成功，届时将进一步推动中国樱桃的发展。

甜樱桃又叫大樱桃、洋樱桃，植物学家和考古学家研究认为，欧洲甜樱桃原产于亚洲西部和欧洲东南部，在公元前 1 世纪已经开始栽培利用，到公元 2—3 世纪逐渐传到欧洲大陆各地，特别是德国、法国、英国等。正式经济栽培始于 16 世纪，17 世纪由移民传入新大陆，18 世纪初引入美国，直到 1767 年前大多还用种子实生繁殖，以俄勒冈州和加利福尼亚州栽培最多。1874—1875 年日本从美国、欧洲国家引进多种甜樱桃种苗，在明治时代开始了甜樱桃的栽培。

我国甜樱桃栽培是在 19 世纪 70 年代，通过西方传教士、侨民、船员等引入中国烟台开始的。据《满州之果树》（1915年）记载，1871 年，美国传教士倪恩斯引进首批 10 个品种的大樱桃栽于烟台的东南山；1880—1885 年烟台莱山区槫岚村的王子玉从朝鲜仁川引进那翁品种；1890 年，芝罘区朱家庄村的朱德悦通过美国海员引进大紫品种。这些品种到中华民国初年已传播到牟平、龙口、蓬莱、威海等地。山东除烟台以外，在 1920 年前后，德国传教士将甜樱桃品种带到费县的塔山林场，后传到蒙阴、沂水、临沂等地；1930 年前后，泰安原耶稣家庭果园（今山东省果树研究所二果园）自日本引进 300 多株那翁品种；1935 年原青岛果产公司又直接从美国引进大紫、那翁、高砂等品种。除山东外，新疆的塔城于 1887 年从俄罗斯引进甜樱桃，辽宁的旅大地区和河北的昌黎、秦皇岛等地早期也有引入。

由此可见，我国栽培甜樱桃已有 120 多年历史，百余年来的栽培实践证明，甜樱桃适合我国的风土条件，并在渤海湾沿岸形成集中产地。山东是我国栽培面积最大、产量最多的一个省份，并且已成为山东地方名优果品。在山东除黄河故道地区鲜见栽培外，其他各地市均有栽培。辽宁集中分布在辽南的大连地区。河北省的主产地是秦皇岛和昌黎。另外，北京、山西、江苏、安徽、河南、四川、甘肃、新疆、陕西、湖北等省、自治区、直辖市也都已引种栽培。

欧洲酸樱桃的栽培主要是欧美各国，其面积和产量比甜樱桃还多。特别是前苏联，其酸樱桃品种资源极为丰富，年产量达 40 多万 t，是甜樱桃产量（8 万 t）的 5 倍，主要用于加工罐头、果汁、果脯等。我国对酸樱桃的栽培重视不够，品种只有一个即磨把酸，栽培面积约 1 000 亩，集中在山东邹城市东部山区。今后随着我国农产品加工工业的发展及饮食习惯的变化，欧洲酸樱桃的引种和栽培也将逐步发展。

大樱桃（包括欧洲甜、酸樱桃）是世界各国广为栽培、引人注目的果树树种。据1985—1987年不完全统计，全世界大樱桃产量在220万～230万t，其中98%产在北半球。南半球仅在智利、阿根廷、新西兰、澳大利亚和南非有少量栽培。在北半球中，欧洲又占世界总产量的81%、北美占13%、亚洲少量。甜樱桃的主要生产国为德国（14万～17万t）、意大利（15万～17万t）、美国（12万～16万t）、法国（10万～11万t）、土耳其（9万～10万t）等。樱桃的主产国为前苏联（40万t）、德国（11万～12万t）、美国（12万～13万t）、前南斯拉夫（10万～13万t）和波兰（7万～8万t）等。我国大樱桃总面积为6万亩左右，总产量5 000t左右。集中在烟台市，约占全国总面积的2/3，年产量3 500t，占全国总产量的70%。这与世界主产国相比，差距甚大。因此，在我国因地制宜地发展大樱桃生产，对我国农村发展高效农业战略，加快农民奔小康步伐都有重要意义。

三、樱桃产业发展现状

1. 栽植面积与产量 在历史上，我国樱桃一直处于庭院栽培状态，且仅限于原产我国的软肉型小樱桃种类。19世纪80年代引进欧洲甜樱桃和欧洲酸樱桃，小规模商业化栽培始于20世纪30年代，主要栽培在山东、辽宁、河北的环渤海湾地区。1949年以后，北京、江苏、河南、甘肃、新疆等省、自治区、直辖市都进行了引种栽培，为以后的商业栽培奠定了良好的基础。20世纪70年代末期以后，从欧美国家大量引进适于鲜食的欧洲甜樱桃品种，在甜樱桃的传统产区大规模建立商业果园。20世纪80年代以后，甜樱桃的商业栽培逐步扩展到北京、陕西、河南、江苏、甘肃、湖北、山西、河北、四川等省、自治区、直辖市的部分地区。由于过去甜樱桃的栽植区仅限于环渤海湾的几个省，栽植面积较少，年总产量较低，其历年栽植面积和产量均未列入我国水果生产情况统计。根据联合国粮农组织的统计数据，我国2000年甜樱桃栽培面积为4 500hm^2，总产量8 500t；2005年栽培面积为10 125hm^2，总产量17 000t，栽培面积和总产量分别是2000年的2.25倍和2.00倍。这些数据虽明显低于我国一些科技文献的数据，但也可在一定程度上显示出近6年我国甜樱桃产业快速发展的趋势。根据我国近年科技文献所引用数据，2006年，仅烟台、大连两地的甜樱桃栽植面积即超过3.5万hm^2（包括未投产树），年产量6.1万t。

2. 各地樱桃产业的发展　近20年来，一些甜樱桃传统产区已初步形成优势产业，在当地农业生产中发挥了重要的作用。山东省烟台和辽宁省大连是我国甜樱桃栽植面积和产量最大的地区，2006年栽植面积分别为12 000、23 000 hm^2，年产量分别为49 000、12 000t，年产值约为24 500万元和6 000万元。除露地栽培外，两地的甜樱桃设施栽培产业也有相当的规模，设施栽培既可缓解延长甜樱桃上市过于集中的矛盾，又能增加水果供应淡季的果品种类，具有广阔的发展前景。

陕西、甘肃、四川、北京等省、自治区、直辖市的甜樱桃生产近10余年有飞速的发展，各地根据市场需求和当地自然、经济条件，发展各具特色的甜樱桃产业。山东烟台发展面积最大，约1.2万公顷，总产量接近5万吨，已经由分散经营向规模化、标准化经营转变，最大的专业户发展面积86.7hm^2。针对陕西、山西、河南等省甜樱桃种植业对烟台早期市场的冲击，目前发展温室栽培130～150hm^2，防雨设施栽培700～800hm^2。与其发展策略相近的其他进行设施与防雨栽培的地区还有环渤海湾的大连、河北省东部海岸沿线、天津市和甘肃兰州、宁夏银川，但后两者主要的设施栽培为以提早上市为主要目的的升温设施栽培，而且均在小范围试种阶段，面积为100～300hm^2。陕西西安的灞桥区、铜川、蓝田和汉中，甘肃天水，以及四川阿坝州为甜樱桃产业发展的后起之秀，具有成熟期早、品质优良的优势。目前这些早熟地区的发展总面积接近4 000hm^2。北京郊区依托旅游业发展观光果园，2000年以后的短短6年间，发展总面积接近540hm^2。

3. 品种构成 我国以鲜食樱桃栽培为主，栽培品种中鲜食品种占95%以上，产量则占90%以上，品种以我国的红灯、龙冠，欧洲和美洲选育的品种拉宾斯、先锋、早大果、艳阳、美早、萨米脱等为主，红灯约占40%的面积和35%的产量；另外，鲜食品种中，地方小樱桃品种占10%～12%的面积和产量。

4. 贸易概况 中国是樱桃国际贸易国家之一，进口量排名世界第4，进口果品来自于南半球，进口地主要是广东等我国南方经济较发达的省份，用于调节水果供应淡季的果品种类。国内生产的鲜食樱桃主要以内销为主。根据全国20个城市果品市场调查，1995～2003年，全国鲜食樱桃的销售额年增长率为10%左右。国内市场鲜食樱桃售价稳中有降，批发价在5～8元/kg，山东烟台集中栽培区离园价基本稳定在5～

6 元/kg，其他产区面积小，单价高，在 7～8 元/kg。在常温下，鲜食甜樱桃不耐贮运，货架期短，是销售额增长缓慢的主要原因。2007 年，我国甜樱桃出口已出现良好的势头，据报道，烟台市已有 5 000kg 甜樱桃出口泰国、印度尼西亚、英国等国家。大连将批量出口甜樱桃到阿联酋，山东省生产的甜樱桃出口韩国已正式解禁。

四、樱桃产业发展中存在的问题

1. 新产区产业发展相对滞后 近 10 余年来，陕西、甘肃、四川、北京等新产区的甜樱桃生产发展较快，但这些地区甜樱桃产业的规模仍较大连、烟台等传统的甜樱桃生产区有较大的差距。据分析，我国甜樱桃栽植面积约 80%集中在环渤海地区，而这些地区甜樱桃果实成熟期多在 5～6 月。不同地区产业发展的不平衡和贮运技术落后使得甜樱桃应市期过于集中的问题更为突出。

2. 栽培管理技术有待提高 在我国大连、烟台等传统的甜樱桃生产区，中上等管理水平的盛果期甜樱桃园，每亩产量通常在 1 500kg 左右，与世界主要生产国的单位面积产量差别不大。但多数果园因品种、砧木选择不当，栽培管理技术落后，进入盛果期的时间较晚，或罹根癌病、病毒病等引起树体早衰，降低了果园的经济寿命。在甜樱桃栽培的新产区，因缺少品种区域试验等大型科研项目的技术支撑，选择适栽品种和相关的配套栽培技术等与产业发展紧密相关的一些关键技术目前还没有完全解决，生产上普遍存在着投产晚、单产低的问题。近年有关部门对来自苗木、接穗和根系土壤传播的病虫害检疫不严，致使根癌病、花叶病毒等多种危害较大的检疫性病害在山东、河南、陕西樱桃产区传播危害，给生产造成了较大损失。设施栽培是调节甜樱桃产期的有效途径，但目前管理技术尚不成熟，在生产上隔年结果的情况较为普遍，需要进一步开展试验研究工作。

3. 贮藏和运输技术落后限制了产业发展规模　甜樱桃属不耐贮运的果品，贮藏期和货架期均远低于苹果、梨等大宗水果，而我国甜樱桃的贮运保鲜技术却远落后于苹果、梨等大宗水果。目前，我国甜樱桃自动化冷库和气调库贮藏仅处于试验或小规模应用阶段，大宗的甜樱桃商品仍只能就近供应市场，而较少进入大中城市的果品超市。笔者认为，贮藏和运输技术落后在很大程度上制约着产业规模的发展。

4. 果品市场体系不完善　果品市场体系建设不完善是阻碍我国甜樱桃产业发展规模的另一个重要因素。目前我国甜樱桃生产的主要方式是以农户为单位分散经营的小规模果园，由于市场信息流通不畅，农民经纪人、运销商、中介组织等中间流通环节的主体地位并未形成，具有价格形成机制的大型农产品批发市场数量少，区域分布不均衡，果品市场流通的方式主要是农户自产自销及小商贩贩运，严重制约了产品流通的现代化进程，同时对甜樱桃产业发展有较大的负面影响。

五、发展建议

1. 加强樱桃产业重大关键技术的科研工作　分析我国甜樱桃产业发展现状，甜樱桃投产晚、单产低、贮运技术落后的重要原因是一些影响产业健康发展的重大关键技术尚未完全解决，笔者认为，目前应重点开展以下重大关键技术的系统研究工作。

（1）加强不同产区樱桃优良品种的生态适应性研究，良种良砧与良法配套。建立与规模化相适应的标准化栽培技术，提高果品质量，提倡绿色环保的生产方式，在生态适宜区推广绿色果品生产。加强甜樱桃设施栽培技术的研究工作，实现丰产稳产。

（2）建立樱桃病毒检测中心、国家级樱桃良繁中心，对国内主要品种和砧木进行病毒检测，引进和生产无病毒抗性砧木和品种，建立无病毒苗木采穗圃，开展商业性病毒检测工作，加大扶持生产樱桃嫁接苗木的现代化苗木企业的建设，力争在10年内实现甜樱桃苗木生产无毒化。

（3）强化樱桃采后保鲜、贮运销售技术的研究。研发经济高效的贮藏设施和保鲜剂，逐步解决冷链物流体系各环节的技术问题，提高生产装备技术水平，实现采后保鲜、贮运的标准化、规模化、专业化管理，大幅度延长鲜食樱桃的供市期。

（4）规划甜樱桃育种目标、育种手段和分工合作，对我国主栽品种特别是特色品种进行品系选优，形成我国樱桃育种科研体系。加强我国樱桃野生资源的收集、保存、研究和利用工作。

2. 优化我国樱桃产业布局　根据我国各甜樱桃产区自然条件、经济状况、现有规模、市场容量等因素综合分析，在今后的一段时期内，应稳定环渤海湾地区现有甜樱桃栽培面积，逐步扩大渭河、黄河、淮河沿线以北地区和西南高海拔地区的甜樱桃栽培面积，适度发展西北与东北地区的甜樱桃设施栽培。我国陕西南部、甘肃南部、云南、四川等省、自治区的部分适栽区，甜樱桃可在4月下旬上市。陕西关中、山西南部和河南适栽区可在5月上中旬成熟上市，环渤海地区甜樱桃在5月下旬至6月中旬逐步上市。随着贮运技术的改进和产品流通现代化进程的逐步实现，必将有效缓解甜樱桃产期集中的矛盾，从而有效地延长市场供应期，并进一步扩大各甜樱桃产区的发展规模。

3. 建立标准化生产体系，提高果品质量 目前我国以农户为单位分散经营的甜樱桃园，管理水平参差不齐，多数果农缺乏管理经验，这种现象在新产区表现尤为突出，在很大程度上影响了当地甜樱桃产业的效益。因此，有必要在科学试验的指导下，建立不同产区的标准化生产体系，实现良种良砧与良法配套。各地在推广标准化生产体系中，要充分发挥农业科技推广部门的作用，对分散经营的甜樱桃园统一进行技术指导，引导果农科学管理。根据国内外市场的需求特点，应注重提高果品质量，重点发展绿色、无公害、有机鲜食樱桃。根据目前甜樱桃园病害严重的实际情况，应针对樱桃溃疡病、根腐病、病毒病等，建立可行的重大疫情预警体系和快速反应机制，配套相应的疫区隔离政策与补偿机制，遏制危险性病虫害的入侵和传播。建立全国和地区性樱桃病虫害监测和防治网络，进行病虫害预测预报和病虫害综合防治研究与推广，控制樱桃主要病虫害的发生与危害。

4. 完善果品市场体系建设 我国甜樱桃产业规模的发展在很大程度上依赖完善的果品市场体系建设。果品的市场销售通常要经过批发（中间商）、贮运、零售等环节，其中果品批发市场的“集聚—扩散”功能在果品销售中发挥了重要作用。因此，各产区应注重集中产地的现代化果品批发市场建设。根据甜樱桃不耐贮运的特点，果品批发市场应配置中小型自动化冷库或气调库，逐步实现冷藏运输，以延长果品应市期和拓展非产地果品销售业务。构建市场信息网络，及时发布产品供求信息，实现市场信息通畅。以各级樱桃协会等农民合作经济组织为纽带，实行“公司＋农户”的经营模式，降低营销成本；以果品批发市场为平台，支持、引导果品经营商、农民个体运销户及经纪人参与甜樱桃果品的营销，充分发挥他们在拓展销售渠道中的作用；在果品销售地建立连锁超市，从产地采购农产品，经冷藏运输，直接进入零售市场；通过多种途径走新型产业化发展道路。

第一章

樱桃主要种类和优良品种

樱桃为蔷薇科樱桃属植物，本属植物种类甚多，分布于我国的约有 16 种，其中栽培种有中国樱桃、甜樱桃、酸樱桃、甜杂种樱桃和毛樱桃。实际上作为商品生产的只有中国樱桃和甜樱桃两种。樱桃的品种很多，世界各地栽培的甜樱桃品种就多达 6 000 多个。我国栽培的中国樱桃品种也在 100 多个以上，且各地产区都有一些地方良种。

一、主要种类

樱桃为蔷薇科樱桃属植物，本属植物种类甚多，分布在我国的约有 16 个种，主要栽培的有 3 种。

1. 中国樱桃　灌木或小乔木，树高 4～5m。叶片小，叶缘齿尖锐。果实小，重 1g 左右，多为鲜红色，果肉多汁皮薄，肉质松，不耐贮运。

中国樱桃品种甚多，例如安徽太和的大鹰甘樱桃、金红樱桃、杏黄樱桃；南京的垂丝樱桃、东塘樱桃、银珠樱桃；浙江诸暨的短柄樱桃；山东的泰山樱桃、枣庄的大窝楼叶、小窝楼叶、莱阳短把大果、滕县大红樱桃、崂山短把红樱桃、诸城黄樱桃；北京的对樱桃等都是地方优良品种。

2. 欧洲甜樱桃 乔木，株高8～10m，生长势旺盛，枝干直立，极性强，树皮暗灰色有光泽。叶片大而厚，黄绿或深绿色，先端渐尖；叶柄较长，暗红色，有1～3个红色圆形蜜腺；叶缘锯齿圆钝，这是和中国樱桃的重要区别。1个花芽内有花2～5朵，花白色。果实大，单果重一般在5～10g以上，色泽艳丽，风味佳，肉质较硬，贮运性较好，以鲜食为主，也适宜加工，经济价值高，是世界各地及我国已栽培并正在大量发展的一个品种。其品种在后面要做详细介绍。

3. 欧洲酸樱桃 灌木或小乔木，树势强健，树冠直立或开张，易生根蘖。枝干灰褐色，枝条细长而密生。叶小而厚，叶质硬，具细齿，叶柄长。果实中等大，一般比甜樱桃小而比中国樱桃大，少数品种果实较大。所以严格地说，大樱桃应该包括酸樱桃中个头大的品种。酸樱桃果实红色或紫红色，果皮与果肉易分离，味酸，适宜加工或可提取天然色素。耐寒性强，结果早。

本种原产于欧洲东南部和亚洲西部，传入我国的时期与甜樱桃相同，但栽培量不大。

二、主要优良品种

樱桃优良品种很多，主要栽培的有以下品种。

1. 那翁 又名黄樱桃、黄洋樱桃，为欧洲原产的一个古老品种。1880年前后由韩国仁川引入我国，目前是我国烟台、大连等地的主栽品种，全国各地早期引种也以那翁为主。

那翁是一个黄色、硬肉、中熟的优良品种。树势强健，树冠大，枝条生长较直立，结果后长势中庸，树冠半开张。萌芽率高，成枝力中等，枝条节间短，花束状结果枝多，可连续结果 20 年左右。叶形大，椭圆形至卵圆形，叶面较粗糙。每个花芽开花 1～5 朵，平均 2.8 朵，花梗长短不一。果实较大，平均重 6.5g 左右，大者 8.0g 以上；正心脏形或长心形，整齐；果顶尖圆或近圆，缝合线不明显；果梗长，不易与果实分离；果肉浅米黄色，致密多汁，肉质脆，酸甜可口，品质上等；含可溶性固形物 13%～16%，可食部分占 91.6%；果核中大、离核。成熟期 6 月上中旬，耐贮运。果实加工、鲜食均可。

那翁自花授粉结实力低，栽培上需配植大紫、红灯、红蜜等授粉品种。那翁适应性强，在山丘地砾质壤土和沙壤土栽培，生长结果良好。那翁花期耐寒性弱，果实成熟期遇雨较易裂果，降低品质。

2. 大紫 又名大红袍、大红樱桃。原产俄罗斯，是一个古老的品种。1890 年前后引入我国山东烟台，后传至辽宁和河北昌黎、秦皇岛等地，为我国主栽品种。一般与那翁互为授粉品种，分布在老樱桃园内。大紫是一个紫红色、软肉、早熟品种。树势强健，幼树期枝条较直立，结果后开张。萌芽率高，成枝力强，枝条较细长，不紧凑，树冠大，结果早。叶片特大，呈长卵圆形，叶表有皱纹，深绿色，叶缘锯齿大而钝；蜜腺体多为 2 个，较大，紫黑色。果实较大，单果重 6.0g，大者 9.0g 以上；心脏形至宽心脏形，果顶微下凹或几乎平圆，缝合线较明显；果梗中长而细，最长达 5.6cm；果皮初熟时为浅红色，成熟后叶紫红色，充分成熟时为紫色、有光泽；果皮较薄，易剥离，不易裂果；果肉浅红色至红色，质地软，汁多，味甜，可溶性固形物 12%～15%；果核大，可食部分占

90.8%。果实发育期40天，5月下旬至6月上旬成熟，成熟期不太一致，要注意分期采摘。大紫的丰产性不如那翁，果实不耐贮运。

3. 红灯　果实肾脏形，平均单果重9.2g，大者12g；果皮紫红色，富光泽，艳丽；果肉中硬，酸甜适口；可溶性固形物多在14.5%～15%，可食率为92.9%。树势强健，长势旺，萌芽率高，成枝力强，外围新梢中短截后，平均发长枝5.4个；中下部侧芽萌发后多形成叶丛枝。幼龄期当年叶丛枝一般不形成花芽，随着树龄增长转化成花束状短果枝。进入结果期偏晚，在良好管理条件下，一般4年始果。初果期年限长，中、长果枝较多。到盛果期，短果枝和花束状果枝大大增加。适宜授粉树有巨红、滨库、红蜜、大紫，结实率都在60%以上。果实5月底至6月上旬成熟。植株幼龄期直立，成龄期半开张，一二年生枝直立粗壮。叶片特大、椭圆形、较宽，长17cm，在新梢上呈下垂状，为其主要特征；叶缘复锯齿，大而钝，叶片质厚、深绿色、有光泽；基部有2～3个紫红色长肾形大蜜腺。花芽大而饱满。

该品种果个大，色艳丽，早熟，多汁，半硬肉，味较淡，较耐贮运，是一红色优良早熟品种。采收前遇雨有轻微裂果，发展时要注意水浇条件。

4. 莫利　莫利属早熟品种，在烟台5月下旬至6月初成熟，20世纪90年代比红灯提前5～7天成熟，近些年由于气候原因，成熟期比红灯略早。果实肾脏形，平均单果重8g左右，最大12g，可溶性固形物含量17%左右，果皮鲜红色，完熟时紫红色、有光泽，比红灯艳丽。果肉红色，果皮较厚而韧，肉质较脆，风味酸甜可口，品质上等。

树体强健，树冠较开张，结果早，丰产性一般，早实性优于红灯，定植后一般3～4年结果，5～6年进入丰产期，比红灯提早1～2年。自花结实率低，建园时应配置授粉树如红灯、先锋、拉宾斯等。目前，该品种烟台露地栽培较多，果价中等偏上，丰产性较差。

5. 早大果 1997年从乌克兰引进，树势中庸，树姿开张，枝条不太密集，中心干上的侧生分枝基角角度较大；一年生枝条黄绿色，较细软；结果枝以花束状果枝和长果枝为主。树姿自然开张，结果早、丰产。自花不实。需配置授粉树。果实个大，平均单果重8～10g，最大果20g；近圆形，果实深红色，充分成熟紫黑色、鲜亮有光泽；果肉较硬，可溶性固形物16.1%～17.6%。果实发育期35天左右，属早熟品种。

6. 早生凡 果实肾形，性状同先锋，果顶较平，果顶脐孔较小。果实中大，单果重8.2～9.3g，树体挂果多时，果个偏小。果皮鲜红色至深红色、光亮、鲜艳，果肉硬，果肉、果汁粉红色，可溶性固形物含量17.1%。缝合线深红色、色淡，不很明显。缝合线一面果肉较凸，缝合线对面凹陷。果柄短，比红灯略长，果柄2.7cm。果核圆形，中大，抗裂果，无畸形果。在烟台，5月23号左右，果实鲜红色，就可采收上市，5月28号果实紫红色。成熟期比红灯早5天左右，比意大利早红早熟3天，成熟期集中，1～2次即可采完。能自花结实。

树姿半开张，属短枝紧凑型。树势比红灯弱，比先锋强，但枝条极易成花，当年生枝条基部易形成腋花芽，一年生枝条甩放后易形成一串花束状果枝。节间短，叶间距2.4cm，叶片大而厚，叶柄特别粗短，平均 2.2cm，具有良好的早果性和丰产性。花期耐霜冻。由于早生凡极丰产，所以必须加强肥水管理，维持中庸偏旺树势；否则，挂果过多，树势变弱，果个偏小。通过修剪每亩产量控制在 1 000～1 250kg 以上，以保持单果重 8.5～9g。

7. 黑兰特　果实宽心脏形，果顶较平，齐点较大，缝合线一面较凸，缝合线对面较光滑或稍有凹沟，果肩较高。果个较大，平均单果重 9.4g，大者 11g，果个均匀，果核性状同红灯。果皮鲜红至紫红色，果肉红色，味甜，果柄中长，柄长 3.4cm，可食率 95.4%，可溶性固形物含量 18%。果实生长后期，果面出现凹凸不平。抗裂果，但遇大雨时，梗洼处个别有裂口现象，果顶基本不裂口。在烟台，5 月下旬成熟，比红灯早熟 3～5 天，大棚栽培比红灯早熟 12 天左右。

树势强健，树姿半开张，1 年生枝红褐色，2 年生枝灰褐色，多年生枝灰白色，枝条节间长，叶片中大，叶长 11cm，叶宽 6.4cm，叶端锐尖，叶背有长、密的茸毛，叶柄长 3.1cm。结果早、丰产。丰产树应注意控制产量，并加强肥水管理；否则，负载量过大，树势偏弱，果个变小。

8. 芝罘红　果实宽心脏形，平均单果重 6g，大者 9.5g；果梗长而粗，一般长 5.6cm，不易与果实分离；果皮鲜红色、有光泽；果肉较硬，浅粉红色，汁较多，浅红色，酸甜适口；含可溶性固形物 16.2%，可食率 91.4%。品质上等。果皮不易剥离，离核、核小。树势强健，萌芽率高。幼树进入盛果期后，以花束状果枝和短果枝结果为主，各类果枝结果能力均强，结果枝占全树生长点的 78%，丰产性强。果实 6 月上旬成熟，比大紫晚 3～5 天，成熟期较整齐，一般采收 2～3 次即可。枝条粗壮；叶片大，叶缘锯齿、稀而大，齿尖钝。

该品种果实早熟，外观甚美，品质好，耐贮运，丰产，适应性和抗病力强，是一个品质优良的红色早熟品种。

9. 美早 果实圆至短心脏形，果顶稍平；果实大型，平均单果重 11.5g，最大 18g，高产树平均果重 9.1g，果个大小较整齐。果皮紫红色或暗红色、有光泽、鲜红色；果肉淡黄色，肉质硬脆，肥厚多汁，风味上，可溶性固形物含量 17.6%，高者达 21%。核圆形、中大，果实可食率 92.3%。果梗特别粗短。果实成熟发紫时，果肉硬脆、不变软，耐贮运是其突出特点。果面蜡质厚，无畸形果，雨后基本不裂果，但个别年份，个别果实顶部脐孔处有轻微的裂口，成熟期集中，一次即可采收完毕。在烟台，6 月上中旬成熟，比先锋早熟 7～9 天。

树体强旺，萌芽力、成枝力均强，易成花，早产、早丰，自花结实率高，5～6 年丰产。花期耐霜冻。

10. 胜利 果实扁圆形，果个大，单果重 10～13g，果柄中短，果皮紫红色，果肉、果汁暗红色，果肉较硬，果皮较厚，味酸甜，可溶性固形物含量 18%～20%，耐贮运。树体强旺，枝条粗壮，叶片大，有明显的短枝性状。一般 4 年结果，较丰产。在烟台，6 月上中旬成熟。自花不实，适宜授粉品种有早大果、先锋、雷尼等。

11. 萨米脱 果实长心脏形，果顶脐点较小，缝合线一面较平。果实极大，平均单果重 11～12g，最大 18g，幼树结果，单果重在 13g 以上，果皮红色至粉红色，肥厚多汁，肉质较硬，风味佳，可溶性固形物含量 18.5%，离核，果实可食率 93.7%，果柄中长，柄长 3.6cm，在烟台地区 6 月中下旬成熟，熟期一致，较抗裂果，花期耐霜冻，果实价格高。树势强旺，树姿半开张，成花易，结果早，早丰产，以花束状果枝和短果枝结果为主，腋花芽多。异花结实，栽植时需配置授粉树，如先锋、拉宾斯、美早等。

12. 滨库　1875年美国俄勒冈州从串珠樱桃的实生苗中选出来的。100多年来成为美国和加拿大栽培最多的一个甜樱桃品种。1982年山东外贸从加拿大引入，1983年郑州果树研究所又从美国引入，目前在我国有一定的发展。该品种树势强健，枝条直立，树冠大，树姿开展，花束状结果枝占多数。丰产，适应性强。叶片大、倒卵状椭圆形。果实较大，平均单果重7.2g；果实宽心脏形，梗洼宽深，果顶平，近梗洼处缝合线侧有短深沟；果梗粗短，果皮浓红色至紫红色，外形美观，果皮厚；果肉粉红，质地脆硬，汁较多，淡红色，离核，核小，甜酸适度，品质上等。成熟期在6月中旬，采前遇雨有裂果现象。适宜授粉品种有红灯、先锋、斯坦勒等。树势强健，树姿较开张，枝条粗壮，叶片大，适应性强，丰产。在有防雨设施的条件下可以栽培。

13. 艳阳　果实呈圆形，果柄长度适中，果皮红紫色，成熟时有较好的光泽。果肉甜美多汁，质地较软，不适于远距离运输。幼树阶段可连续高产，且果实大，属中熟品种，有较强的抗寒性，但该品种易感病毒病。

14. 佳红　果实个大，平均单果重9.67g，最大果重11.7g。果形宽心脏形，整齐，果顶圆平。果皮浅黄，质较脆，肥厚多汁，风味酸甜适口，品质上乘。可食率为94.58%。可溶性固形物含量19.75%，总糖13.75%，总酸0.67%。核小、卵圆形、黏核。在大连地区4月18日初花，4

月21～25日盛花，6月21日果实成熟。树势强健，生长旺盛，枝条粗壮，萌芽力强，坐果率高，对栽培条件要求略高。幼树期间生长直立，盛果期后树冠逐渐开张。多年生枝干紫褐色，一二年生枝棕褐色，枝条横生并下垂生长，一般定植后3年结果。叶片大，宽椭圆形，基部呈圆形，先端渐尖。叶片较厚、平展、深绿色、有光泽，在枝条上呈下垂状生长。花芽较大而饱满，数量多，密度大，早期产量高。适宜授粉品种为巨红和红灯，授粉树的比例应在20%以上。6年生树每亩产量为509.4kg。

15. 斯帕克里　果实大，平均单果重10.4g，最大16g。果实圆形至阔心脏形，果皮鲜红至紫红色，具光泽，颇美观。果肉红色至紫红色，肉质硬、脆，味甜，品质上，可溶性固形物含量17.8%。缝合线凹陷，果柄短，高抗裂果。在烟台，6月中下旬成熟，熟期一致，一次即可采收完毕。耐贮运。树体健壮，长势中庸，枝条萌芽率高，成枝力中等。幼树极易成花，一年生枝条甩放后，极易形成一串叶丛状果枝，树体结果早，丰产来得快，而且能连年丰产。早结果、极丰产是其突出优点之一。适合密植栽培，可采用2m×4m或2.5m×4m株行距，为维持理想果个，需控制产量，并加大肥水管理。

16. 红手球　果实为短心脏形至扁圆形，果个大，平均单果重10g，果皮底色为黄色，着鲜红色至浓红色。果肉较硬，最初为乳白色，随着成熟度的提高，在核周围有红色素，果肉呈乳黄色。味甜不酸，可溶性固形物含量19%，高者达24%。在烟台，6月下旬成熟，熟期较一致。树体强健，树姿较开张，具有良好的早果性及丰产性。其适宜的授粉品种为南阳、佐藤锦、那翁、红秀峰。

17. 友谊 原代号乌克兰 4 号。系乌克兰农业科学院园艺灌溉研究所选育的品种。曾译为“德鲁日巴”。果实大，均果重 9g，大果可达 11g。果实圆形至心脏形，缝合线较深。果梗中粗、中长。果实深红色至紫红色，可溶性固形物 17%，离核。果肉硬，风味佳，味酸甜，耐贮运，充分成熟时呈紫色，鲜果品质上等。烟台 6 月中、下旬成熟。该品种树体健壮，树冠圆球形，耐寒、耐旱，第 3 年结果。成花易，丰产性好，是一个有前途的大果晚熟品种

18. 红蜜 大连市农业科学研究所用那翁×黄玉杂交选育而成。由于有早熟丰产及适宜作授粉树的特点，近十几年来有较大的发展。

红蜜是一个中果型、早熟、质软、黄底红色品种。树势中等，树姿开张，树冠中等偏小，芽的萌发力和成枝力较强，分枝较多，花芽容易形成，一般定植后第二年即可形成花芽，第四年即进入盛果初期，而且花量很多，最适宜作为授粉品种。红蜜的坐果率高，是丰产型品种。果实中等大小，平均单果重 6.0g，均匀整齐，果型为宽心脏形；果皮黄底色，有鲜红的红晕，光照充足的部位，大部分果面呈鲜红色；肉质较软，多汁，以甜为主，略有酸味，品质上等；可溶性固形物为 17%；核小黏核，可食部分占 92.3%。成熟期在 5 月底至 6 月上旬，比红灯晚 4～5 天。

19. 红艳 由大连市农业科学研究所用那翁×黄玉杂交选育而成。树势强健，生长旺盛，幼龄期间多直立生长，盛果期后树冠逐渐半开张，多年生枝呈紫褐色，一二年生枝呈棕褐色，均披有灰白色膜层，枝条斜生。分枝多而细，萌芽率和成枝力都强，花芽容易形成，是丰产型的品种。果实为宽心脏

形、整齐、平均果重 8g。果皮淡黄色，阳面有鲜艳红霞；果肉肥厚、多汁，酸甜适宜，含可溶性固形物 15.4%。成熟期在 5 月底至 6 月上旬。该品种自然授粉结实率较高，适宜授粉品种有红灯、红蜜、最上锦等。连年丰产性好，属早熟优良品种。

20. 芝罘红 原名烟台红樱桃。1979 年由山东烟台芝罘区农业局在上夼村发现，是自然实生品种，近几年从芝罘区向全国各地发展。生长结果表现良好。该品种树势强健，枝条粗壮，萌芽率高，幼树 1 年生枝萌芽率达 89.3%，成枝力强，1 年生枝短截后可抽生出中长枝 5～6 个。进入盛果期以后，以短果枝和花束状枝结果为主，长、中、短各类结果枝的结果能力均强。结果枝占全树生长点的 78%，丰产性强。叶片大，叶缘锯齿、稀而大。果实平均重 6.0g，大者 9.5g；宽心脏形；果梗长而粗，平均 5～6cm，不易与果实分离；果皮鲜红色、有光泽；果肉较硬，浅粉红色；果汁较多，酸甜适口，含可溶性固形物 16.2%，风味佳，品质上等；果皮不易剥离，离核，核较小，可食部分达 91.4%。果实 6 月上旬成熟，比大紫晚 3～5 天。该品种果实早熟，外观甚美，品质好，耐贮运，丰产，适应性和抗病力强，是一个品质优良的红色早熟品种。

21. 佐藤锦 是日本山形县东根市的佐藤荣助用黄玉×那翁杂交选育而成，1928 年中岛天香园命名为佐藤锦。几十年来，为日本最主要的栽培品种。1986 年烟台、威海引进，表现丰产、品质好。该品种是一个黄色、硬肉、中熟的优良品种。树势强健，树姿直立。果实中大，平均单果重 6.0～7.0g，短心脏形；果面黄底，上有鲜红色的红晕，光泽美丽；果肉白色，核小肉厚，可溶性固形物含量 18%，酸味少，甜酸适度，品质超过一般鲜食品种。果实耐贮运。果实成熟期在6月上旬，较那翁早5天。佐藤锦适应性强，在山丘地砾质壤土和沙壤土栽培，生长结果良好。

该品种总体表现良好，但果实大小为中等是其缺点。近几年来日本天童市大泉氏园从佐藤锦中选出芽变优良品系，单果重7.0～9.0g，如疏花、疏果后可达13.0g，称为选拔佐藤锦，是值得重视发展的一个优良品种。

22. 雷尼 是美国华盛顿州农业实验站用宾库×先锋杂交选育出的品种，因当地有一座雷尼山，故命名为雷尼。现在为该州的第二主栽品种。1983年由中国农业科学院郑州果树研究所从美国引入我国，1984年后在山东试栽，表现良好。该品种花量大，也是很好的授粉品种。

该品种树势强健，枝条粗壮，节间短，树冠紧凑，枝条直立，分枝力较弱，以短果枝及花束状枝结果为主。早期丰产，栽后3年结果，5～6年进入盛果期，5年生树株产能达20.0kg。果实大型，平均单果重8.0g，最大果重达12.0g；果实心脏形，果皮底色为黄色，有鲜红色红晕，在光照好的部位可全面红色，十分艳丽、美观；果肉白色，质地较硬，可溶性固形物含量达15%～17%，风味好，品质佳；离核，核小，可食部分达93%。抗裂果，耐贮运，生食加工皆宜。成熟期在6月上旬。

23. 烟台1号 可能是那翁的芽变品种，20世纪70年代末由山东烟台芝罘区农林局选出，定名为烟台1号。该品种树势较强，直立。叶片大且长，叶缘锯齿大而钝，齿间浅。花极大。果实大，平均单果重6.5～7.2g，最大果重超过8g。果形短心脏形，顶部平圆，脐孔极大，平而微凹，果实背部和腹部长度与两侧均相等。果梗较长，与果肉不易分离，成熟期不易落果。果皮乳黄色，阳面有红晕，具大小不一的深红色斑点，具光泽。果皮厚，不易离皮，半离核。果肉浅米黄色，致密，硬脆，果汁较多，极甜，可溶性固形物含量一般在20%左右，品质极上。耐贮运。果核小，果实大，可食部分95%以上。该品种幼树结果偏晚，自花授粉结实力很低，采前遇雨易裂果。

24. 拉宾斯 是加拿大夏陆研究站用先锋×斯坦勒杂交选育而成的新品种，本品种能自花授粉结实，为加拿大重点推广的品种之一。1988年引入烟台。该品种树势健壮，树姿较直立，耐寒。花粉量大，也宜作其他品种的授粉树。果实近圆形或卵圆形，果个大至极大，加拿大报道平均单果重11.5g；果梗中长、中粗，不易萎蔫；果皮厚而韧，紫红色，光泽美观；果肉肥厚，硬脆，汁多；含可溶性固形物16%，风味、质地佳良。树势健壮，树姿较直立；可自花结实，也宜作授粉树。裂果很轻。耐寒。6月中下旬成熟。最适宜充分成熟时采收，适合鲜销。该品种早果性、丰产性突出，可作为优良的晚熟品种加以发展。

25. 斯坦勒 斯坦勒（Stella）又名斯坦拉，是加拿大夏地农业研究所育成的第一个自花结实的甜樱桃品种。1987年山东省果树研究所从澳大利亚引进，在泰安、烟台等地少量栽培。该品种树势强健，枝条节间短，树冠属紧凑型，能自花结实，且花粉量多，也是良好的授粉品种。果实大或中大，平均单果重7.1g，大果9.0g。果形心脏形。果梗细长。果皮紫红色，光泽艳丽。果肉淡红色，质地致密，多汁，甜酸爽口，可溶性固形物含量16.8%，风味佳，可食率91%。果皮厚而韧，耐贮运。该品种抗裂果、耐寒性稍差。早果性、丰产性突出。

26. 先锋　由加拿大哥伦比亚省育成，1983年中国农业科学院郑州果树研究所由美国引进，1984年引入山东省果树研究所，1988年在烟台发展。该品种树势强健，枝条粗壮，丰产性好。花粉量多，也是一个极好的授粉品种。果实大，平均单果重8.0g，大者达10.5g；果形肾形，紫红色，有光泽，艳丽美观；果肉玫瑰红色，肉质肥厚，较硬且脆，汁多，糖度高，含可溶性固形物17%；甜酸比例适当，风味好，品质佳，可食率92.1%；果皮厚而韧，很少裂果，耐贮运。成熟期在6月中下旬。该品种抗寒性比较强，适应范围比较广，主要适合我国的山东省、辽宁省大连、天津、北京、江苏连云港至甘肃省天水的陇海铁路沿线地区及云南、贵州、四川的高海拔地区。

27. 意大利早红　又名布莱特、布莱脱、墨丽，原产法国，1989年中国科学院植物研究所从意大利引进国内，1992年后在山东烟台地区发展。果实短心脏形，果实中大，平均单果重7g，最大单果重12g；果柄较短，果面底色黄白，全面着紫红色，有光泽，果肉红色，细嫩，肉质厚，硬度中，果汁多，风味酸甜，品质上等。成熟期极早，果实可溶性固形物含量12%；含酸量0.68%，半离核；不裂果。叶片呈倒卵圆形、锯齿钝、单齿。适宜在山丘壤土地栽培。

第二章

樱桃的生物学特性

一、形态特征

1. 根系 樱桃的根系因种类、繁殖方式、土壤类型的不同有所差异。中国樱桃的实生苗，在种子萌发后有明显的主根存在，但当幼苗长到5～10真叶时，主根发育减弱，由2～3条发育较粗的侧根代替，因此中国樱桃实生苗无明显主根，整个根系分布较浅；甜樱桃实生苗，在第一年的前半期主要发育主根，主根发育到一定长度时发生侧根，根系分布深而比较发达；欧洲酸樱桃和库页岛山樱桃的实生苗根系比较发达，可发育3～5个粗壮的侧根。扦插、分株和压条三种无性繁殖苗木的根系是由茎上产生的不定根发育而成，其特点是没有主根，都是侧生根，根量比实生苗大，分布范围广，且有两层以上根系，这是樱桃与其他果树的不同之处。

樱桃嫁接苗的根系因砧木种类和砧木繁殖方式的不同而不同，土壤条件和管理技术也有重大影响。在砧木方面，库页岛山樱桃的根系最发达，固地性强，在沿海地区较抗风害；中国樱桃和考特砧须根发达，但根系分布浅，固地性差，不抗风，易倒伏。在繁殖方式上，无性砧水平根发达，且有两层以上根系，根系分布比实生砧深，固地性强，较抗风。因此，在生产上应尽量采用无性砧。

土壤条件和管理水平对根系的生长和结构也有重大影响。据调查，中国樱桃砧上20年生的大紫，在良好的土壤和管理条件下，其根系主要分布在40～60cm的土层内，与土壤和管理条件较差的同龄树相比，根系数量几乎增加一倍。因此，在生产上，既要注意选择根系发达的砧木种类，又要注意选择良好的土壤条件，加强土壤管理，促进根系发育。

2. 干 樱桃属于落叶乔木树种。甜樱桃树冠大小和杏树比较相似，一般高达4～5m，通常小树有中央主干，大树中央主干不明显，形成圆头形或扁圆头形。枝条外皮比较光滑，有横向皮孔，枝干上有时能形成花束短枝，这是与其他果树有区别的一个特点。

3. 芽 樱桃的芽单生，按其性质可分为花芽和叶芽两类。樱桃枝的顶芽都是叶芽，侧芽有的是叶芽，有的是花芽。因树龄和枝条的生长势不同而异，一般幼树或成龄树上旺枝的侧芽多为叶芽；成龄树上生长中庸或偏弱枝上的侧芽多为花芽。一般中、短果枝的下部5～10个芽多花芽，上部侧芽多为叶芽。在休眠期侧花芽的形态表现比较肥圆，呈尖卵圆形；侧生叶芽瘦长，呈尖圆锥形，容易识别。叶芽抽生新梢，用以扩大树冠或转化成结果枝增加结果部位。花芽是纯花芽，只能开花结果，不能抽枝展叶，每一个花芽可开2～5朵花，多数为2～3朵。樱桃与其他核果尖树种如桃、杏、李等不同之处在于樱桃的侧芽都是单生的，这一特性决定了对樱桃枝条管理上的特殊性。在修剪时，必须辨认清花芽与叶芽，短截部位的剪口芽必须留在叶芽上，才能继续保持生长力。若剪口留在花芽上，一方面果实附近无叶片提供养分，影响果实发育，品质较差；另一方面该枝结果以后便枯死，形成干桩。

樱桃侧芽的萌发力很强，1年生枝上的叶芽多数都能萌发，只有基部极少数侧芽有时不萌发而转变成潜伏芽（隐芽）。即使是直立的枝条其侧芽也都能萌发，这个特点有利于樱桃的修剪管理，容易达到立体结果。各种樱桃的成枝力有所不同。中国樱桃和酸樱桃成枝力较强；甜樱桃成枝力较弱，一般在剪口下抽生3～5个中、长发育枝，其余的芽抽生短枝或叶丛枝基部极少数的芽不萌发而变成潜伏芽（隐芽）。甜樱桃的萌芽力、成枝力在不同品种和不同年龄时期也有差异。那翁、雷尼、宾库等品种萌芽力较高，但成枝力较低；幼龄期萌芽力和成枝力均较强，进入结果期后逐渐减弱，盛果期后的老树，往往抽不出中、长发育枝。甜樱桃的芽更有生长季萌芽率较高，但成枝力较弱的特点。在盛花后，当新梢长至10～15cm时摘心，摘心部位以下仅抽生1～2个中、短枝，其余的芽则抽生叶丛枝，在营养条件较好的情况下，这些叶丛枝当年可以形成花芽。在生产上，我们可以利用这一发枝习性，通过夏季摘心来控制树冠，调整枝类组成，培养结果枝组。

樱桃潜伏芽大多是在枝条基部的副芽和少数没有萌发的侧芽转变而来。副芽着生在枝条基部的两侧，形体很小，通常不萌发，只有在受刺激时，如重回缩或机械损伤，伤口附近副芽即萌发抽出新枝。樱桃潜伏芽的寿命较长，中国樱桃70～80年后的大树，当主干或大枝受损或受到刺激后，潜伏芽便可萌发枝条更新原来的大枝或主干；甜樱桃20～30年生的大树其主枝也很容易更新，这是樱桃维持结果年龄、延长寿命的重要特性。

4. 枝条　樱桃枝条按其性质分类可以分为发育枝和结果枝。

(1) 发育枝　又称营养枝或生长枝，其顶芽和侧芽都是叶芽。幼龄树和生长旺盛的树一般都形成发育枝，叶芽萌发后抽枝展叶，是形成骨干枝，扩大树冠的基础。进入盛果期和树势较弱的树；抽生发育枝的能力越来越小，使发育枝基部一部分侧芽也变成花芽，发育枝本身成了既是发育枝，又是结果枝的混合枝。

(2) 结果枝　枝条上有花芽，能开花结果，这类枝条称结果枝，按其长短和特性可分为混合枝、长果枝、中果枝、短果枝、花束状果枝。

① 混合枝：长度在 20cm 以上。中上部的侧芽全部是叶芽，枝条基部几个侧芽为花芽。这种枝条既能发枝长叶，扩大树冠，又能开花结果。这种枝条上的花芽发育质量差、坐果率低、果实成熟晚、品质较差。

② 长果枝：长度为 15～20cm。除顶芽及其邻近几个侧芽为叶芽外，其余侧芽均为花芽。结果后中下部光秃，只有顶部几个芽继续抽生出长度不同的果枝。初期结果的树上，这类果枝占有一定的比例；进入盛果期后，长果枝比例减少。

③ 中果枝：长度为 5～15cm。除顶芽为叶芽外，侧芽全部为花芽。一般分布在 2 年生枝的中上部，数量不多，也不是主要的果枝类型。

④ 短果枝：长度在 5cm 以下。除顶芽为叶芽外，其余芽全部为花芽。通常分布在 2 年生枝中下部，或 3 年生枝条的上部，数量较多。短果枝上的花芽，一般发育质量较好，坐果率也高，是樱桃的主要果枝类型之一。

⑤ 花束状果枝：是一种极短的结果枝，年生长量很小，仅为1～2cm，节间很短，除顶芽为叶芽外，其余均为花芽，围绕在叶芽的周围。花芽紧密成簇，开花时好像花簇一样，故称花束状果枝。这种枝上的花芽质量好，坐果率高，果实品质好，是盛果期樱桃树最主要的果枝类型。花束状果枝的寿命较长，一般可达7～10年，那翁品种甚至长达20年。一般壮树壮枝上的花束状果枝花芽数量多，坐果率也高，弱树、弱枝则相反。由于这类枝条每年只延长一小段，结果部位外移很缓慢，产量高而稳定各类果枝休眠期和生长期的形态。

以上几类结果枝因树种、品种、树龄、树势不同所占的比例也不同。中国樱桃在初果期以长果枝结果为主，进入盛果期之后则以中、短果枝结果为主，甜樱桃在盛果期初期有些品种以短果枝结果为主，如大紫、小紫、养老、红蜜、红艳等品种，有些品种以花束状果枝结果为主，如那翁、宾库、雷尼、红灯等。但总的来说，与树龄和生长势有关，在初果期和生长旺的树中，长、中果枝占的比例较大，进入盛果期和偏弱的树则短果枝和花束状果枝结果为主。

5. 叶 樱桃叶为卵圆形、倒卵形或椭圆形。先端渐尖，基部有腺体1～3个，颜色与果实颜色相关。一般中国樱桃树叶较小而甜樱桃叶较大，对于叶缘锯齿中国樱桃多尖锐，甜樱桃锯齿比较圆钝。叶的大小、形状及颜色，不同品种有一定差异。

6. 花 花为总状花序，有花1～10朵，多数为2～5朵。花未开时，为粉红色，盛开后变为白色，先开花后展叶。花瓣5枚，雄蕊20～30枚，雌蕊1枚。樱桃花的授粉结实特性，不同种类区别较大，中国樱桃与酸樱桃花粉多，自花结实能力强。欧洲甜樱桃除拉宾斯、斯坦勒、斯塔克、艳红等少数品种有较高的自花结实外，大部分品种都明显地自花不实，而且品种之间的亲和性也有很大不同。因此，建立甜樱桃园时要特别注意配制好授粉品种，并进行放蜂和人工授粉。

7. 果实　樱桃的果实较小，中国樱桃单果重仅1g左右，欧洲甜樱桃单果重一般5～10g或更大一些。果实有扁圆形、圆形、椭圆形、心脏形、宽心脏形、肾形；果皮颜色有黄白色、有红晕或全面鲜红色、紫红色或紫色；果肉有白色、浅黄色、粉红色及红色；肉质柔软多汁；有离核和黏核，核椭圆形或圆形，核内有种仁，或者无种仁。中国樱桃、毛樱桃成仁率高，可达90%～95%，欧洲甜樱桃的成仁率低。

二、樱桃的年生长周期及其特点

樱桃一年中从花芽萌动开始，通过开花、萌芽、展叶、抽梢、果实发育、花芽分化、落叶、休眠等过程，周而复始，这一过程称为年生长周期。了解这一生长发育规律，可以采取相应的栽培管理措施，满足樱桃生长发育需要的条件，达到优质、丰产、高效的目的。

1. 萌芽和开花　甜樱桃对温度反应比较敏感，当日平均气温到10℃左右时，花芽开始萌动（北京地区在4月初）；10天，樱桃是对温度反应较敏感的树种。当日平均气温达到10℃左右时，花芽便开始萌动（山东烟台在3月底至4月下旬，泰安为3月底至4月初，辽宁大连约4月下旬），日平均气温达到15℃左右开始开花（北京地区在4月10日左右），整个花期7～14天，长时达20天，品种间相差5天。一般气温低时，花期稍晚，大树和弱树花期较早。同一棵树，花束状果枝和短果枝上的花先开，中、长果枝开花稍迟。同一朵花通常开3天，其中开花第一天授粉坐果率最高，第二天次之，第三天最低。中国樱桃比欧洲甜樱桃早25天左右。

2. 新梢生长 樱桃的新梢生长与果实的发育交互进行，生长期较短。樱桃叶芽萌动期，一般比花芽萌动期晚5～7天，在叶芽萌动后有7天左右的新梢初生长期，长成6～7片叶，长为6～8cm的叶簇新梢。开花期间新梢生长缓慢，甚至完全停止生长。谢花后，又与果实第一次速长的同时进入速长期；以后果实进入硬核期，新梢继续缓慢生长，果实结束硬核期，在成熟以前，果实发育进入第二次速长期时，新梢生长较慢，几乎完全停止生长；果实采收后，新梢又有一个10天左右的速长期，以后停止生长。幼树新梢的生长较为旺盛，第一次生长高峰在5月上中旬，到6月上旬延缓生长，或停长，进入雨季后还有第二次生长，甚至第三次生长。

3. 果实发育 樱桃属于核果类果树，果实由外果皮、中果皮（果肉）、内果皮（核壳）、种皮和胚组成。可食部分为中果皮。果实的生长发育期较短，从开花到果实成熟35～55天。樱桃的果实发育过程表现为3个阶段：

（1）第一阶段为第一次迅速生长期，从谢花至硬核前。主要特点为果实（子房）迅速膨大，果核（子房内壁）迅速增长至果实成熟时的大小，胚乳亦迅速发育。这一阶段的长短，不同品种表现不同，大紫为14天，那翁为9天。这阶段结束时果实大小为采收时果实大小的53.6%～73.5%。这说明这阶段时间虽不长，但果实生长迅速，对产量起重要的作用。

（2）第二阶段为硬核和胚发育期。主要特点是果实纵横径增长缓慢，果核木质化，胚乳逐渐被胚发育所吸收而消耗，这阶段大体为10天。这个时期果实实际增长仅占采收时果实大小的3.5%～8.6%。如果此阶段胚发育受阻，果核不能硬化，果实会变黄，萎蔫脱落，或者成熟时多变为畸形果。

（3）第三阶段为第二次迅速生长期，自硬核至果实成熟。主要特点是果实迅速膨大，横径增长量大于纵径增长量，果实着色，可溶性固形物含量增加。本阶段大紫需11天，那翁为17天，这个时期果实的增长量占采收时果实大小的23%～37.8%，这个阶段在迅速生长的同时主要是提高品质。

4. 花芽分化 甜樱桃花芽分化的特点是分化时间早，分化时期集中，分化速度快。一般在果实采收后10天左右，花芽便大量分化，整个分化期需40～45天。分化时期的早晚，与果枝类型、树龄、品种等有关。花束状结果枝和短果枝比长果枝和混合枝早，成龄树比生长旺盛的幼树早，早熟品种比晚熟品种早。根据甜樱桃花芽分化的特点，为了促进花芽分化，要求在樱桃采收之后要及时施肥浇水，加强根系的吸收，补充养分的消耗，促进枝叶的功能，制造更多的光合作用产物，为花芽分化提供物质保证。在山东甜樱桃的花芽分化一般在6月下旬至7月上中旬。

5. 落叶和休眠 我国北方地区樱桃落叶一般在初霜开始时，大约在11月中旬。成龄树和充分成熟的枝条能适时落叶，而幼旺树及不完全成熟的枝条落叶较晚。管理不当或受病虫害危害时会引起早期落叶，早期落叶对树体营养积累、安全越冬会有不良影响，并且会引起第二年减产，在生产中应注意避免。落叶之后便进入休眠期。树体进入自然休眠以后，需要一定的低温量才能解除休眠，进入萌芽期。据佐藤昌宏资料，甜樱桃在7.2℃以下，经1 440h，自然休眠才能结束。了解甜樱桃自然休眠期的长短和需冷量对保护地果树栽培具有重要的意义。

三、对环境条件的要求

1. 温度 樱桃是喜温而不耐严寒的果树，适合于年平均气温10～12℃以上的地区栽培，一年中要求日均温10℃以上的时间在150～200天以上。年周期中，不同时期对温度有不同的要求。萌芽期的适温在10℃左右，开花期15℃左右。因樱桃果实成熟较早，果实的发育和新梢的生长都集中在前半期，在这一时期，要求有较高的气温满足樱桃生长发育的需要，一般在果实成熟期气温要求在20℃左右。在水分充裕的情况下，樱桃是耐高温的树种，但夏季高温干燥对樱桃生长不利。冬季低温是限制樱桃向北发展的重要因素，冬季最低温度不能低于－20℃，过低的温度会引起大枝纵裂和流胶。中国樱桃的一年生苗在－15℃时，地上部就会冻死。另外，花芽易受冻害。在开花期温度降到－3℃以下花即受冻害，所以在发展樱桃时，不宜在过分寒冷的地区栽培。

2. 水分 水分是大樱桃正常生长发育必不可少的条件，但由于大樱桃的根部需氧气浓度较高，对缺氧很敏感。因此，对土壤的含水量也是十分敏感。土壤湿度过高时，除容易引起枝叶徒长，不利于结果外，还会造成土壤中氧气不足，影响根系的正常呼吸作用，严重时烂根，地上部流胶，最后导致树体衰弱死亡；土壤湿度低时，尤其是夏季干旱，浇水不足，不但新梢生长受抑制，引起树体早衰，形成“小老树”，产量低，果实品质差，而且还会引起大量落果。如果雨水大而没及时排涝，樱桃树浸在水中 2 天，叶子即萎蔫，但不脱落，叶子萎蔫不能恢复，甚至引起全树死亡。

3. 光照　樱桃是喜光树种，尤其是甜樱桃；其次是酸樱桃和毛樱桃，中国樱桃比较耐阴。在光照良好的条件下，树体健壮，果枝寿命长，花芽充实，坐果率高，果实成熟早，着色好，果实含糖量高。若光照条件差，树冠外围枝梢易徒长，树冠内枝条衰弱，结果枝寿命短，结果部位外移，花芽发育不充实，坐果率低，果实成熟晚，品质差。因此，建园时要选择阳坡、半阳坡建园，栽植密度不宜过大，枝条要开张角度，保证树冠内部的光照条件，达到通风透光。

4. 土壤　樱桃适宜在土层深厚、土质疏松、通气良好、保水保肥力较强的沙质壤上栽培。若在排水不良、黏重、板结的土壤上栽培，会造成树体生长弱，根系分布浅，既不耐旱涝，又不抗风。用马哈利樱桃做砧木嫁接的大樱桃树，特别忌黏重土壤。樱桃对土壤盐渍化反应敏感。因此，盐碱地不能栽培大樱桃。适宜的土壤酸碱度 pH5.6～7.0。

5. 风　风对樱桃栽培影响很大。严冬早春大风易造成枝条抽干，花芽受冻；花期大风易吹干花柱头黏液，影响昆虫授粉；夏秋季大风会造成大樱桃折枝倒伏，严重影响树体养分的贮藏。因此，在有大风侵袭的地区，一定要营造防风林，或选择小环境良好的地区建园。

第三章

樱桃的苗木繁殖技术

良种苗木是樱桃发展的重要基础，选择优质、健壮苗木是进行标准化生产的前提。苗木的质量不仅直接影响樱桃栽植的成活率、生长状况和果实产量，而且还关系到树体对环境的适应性、抗逆能力及经济寿命的长短，优良苗木是进行高产、优质、高效果树生产的重要保障。只有良种苗木在数量上能及时地满足生产上的需要时，才有可能实现良种普及。

一、苗圃地的选择和整理

苗圃地质量的好坏直接影响种子萌芽出土、幼苗生长和苗木质量及育苗成本的高低，对樱桃育苗至关重要；培育樱桃砧木苗的苗圃地应尽量避免土壤黏重、低湿和排水不良的地块。宜选择在排水良好，又有水浇条件的壤土或沙壤土中育苗。其次要注意播种用苗圃地最好选在建园地附近，与园地土壤相似的地方。这样不仅可使苗木较快适应园地环境，还可缩短苗木运输距离，对降低育苗成本，提高栽植成活率都有好处。此外，还要注意园地应选背风向阳，土质疏松肥沃，不重茬、不积涝的地段。

苗圃地整理是培育壮苗的重要措施。合理的整地措施能改良土壤的理化性质，促进土壤微生物的活动，有利于有机质的分解和提高肥力，还有助于消灭苗圃地的杂草和害虫，为种子发芽和苗木生长创造良好的环境，以满足苗木对水分、养分、空气和热量的需要。

整地前，应根据苗圃地肥力状况、施足基肥。一般在秋季封冻之前，每亩应施质量高的农家肥 4 000～5 000kg，圈肥、堆肥、羊粪均可，如用鸡粪要充分发酿以后再施用。除农家肥外，可加入少量化学复合肥，每亩施复合肥 10kg 左右，与农家肥一起撒施。整地深度一般应在 20cm 以上，同时还应随耕随耙，以利于土壤破碎，减少水分蒸发。经过细致整地的圃地应疏松、细碎、平整、无残根、无石块。

土壤中有许多有害细菌和病虫危害幼苗，播种前要施药消毒，杀死害虫。通常使用的杀菌剂有硫酸亚铁，每亩施量 3～10kg，撒施畦面，刨松翻入土中。或用五氯硝基苯与代森锌的混合剂翻入苗床，每亩施量 5～6kg；也可用 50%多菌灵可湿性粉剂或 70%甲基托布津 500 倍混土后，在播种前对土壤进行消毒。土壤和杂树根很多或是曾种过樱桃苗木的土地可用硝基三氮甲烷消毒，此法对防治重茬苗圃地中土壤传播的病害有良好的效果；果园改建重茬地也可用此法。

樱桃砧木苗培育应根据育苗方法、砧木苗培育时间和圃地条件作床。一般来说，播种育苗可将苗圃地制成低床，即耕后搂平耙细。打成南北向畦，畦宽 1.0m，长度视地形和水浇条件而定，以 10～20m 为宜。压条或扦插育苗，多雨地区、易于积水或排水不畅处，可将苗圃地做成高床、床面高为 30～40cm。不论哪种苗床，均应留出步道。以方便嫁接操作，步道宽 40cm 为宜。

二、砧苗繁育

1. 实生播种 砧木种子的采集和处理。山樱桃、实生黄樱桃、马哈利樱桃虽然五六年生可开花结果。但作为繁殖用的种子，应以10～15年生、无病虫害的健壮大树作为母树采种。采种时，应注意果实充分成熟后采集。采集后，应立即将果实浸在水中搓洗，弃去果肉、果梗和漂浮的瘪粒及其他杂物。然后，将沉入水底充实的种子捞出晾干备用。将种子混以3倍湿沙，层积贮藏，完成后熟后，便具备了萌发的能力，当春季地温回升后，即可将种子取出，移至20℃以上的室内进行催芽。当50%左右的种子破壳露白时便可取出播种。

播种及苗期管理。播种期分为春播和秋播，春播发芽率高，栽培管理期短，为通常采用的播种时期。春播在3月中旬至4月上旬，5cm深处土壤地温稳定在5℃以上时进行。播种时按行距30cm左右开沟，条播、点播皆可，点播株距12cm一穴为宜，每穴点播种子5粒以上。樱桃种子顶土能力弱，不能深播，播种深度2～3cm为宜，播后先盖1cm厚的细河沙，上边覆1～2cm厚的锯末或谷糠。这样既保湿，又防止土壤板结，有利于出苗。最好的方法是在播前灌足底墒水，趁土壤干湿合适时播种、覆土、加盖农膜，可早出苗，提高出苗率。

播种后至出苗前这一阶段主要是水分管理。催芽播种时如遇干旱要及时灌水，宜小水灌溉，切忌大水漫灌。当幼苗地上长出真叶，地下出现侧根时，开始自行制造养分。此时，苗木幼嫩，根系分布较浅，对不良环境的抵抗力较低，应注意防止低温、高温、干旱、水涝及病虫危害。同时应注意控制肥水。对幼苗进行适当“蹲苗”锻炼，届时应及时进行移植或间苗、定植。

2. 分株育苗　分株用的“母苗”。既可用来自大叶型草樱桃的根蘖苗，也可用不够嫁接粗度的大叶型草樱桃砧木苗。只要是带根的（哪怕是只有极短小的少量根），就可供分株育苗之用。分株栽植的适宜时间为“春分”前后。

分株育苗的具体方法：将分蘖苗由分根处劈下。按 7～8cm 株距，70～80cm 行距栽植。栽后，留 20cm 高剪断，随灌大水“坐苗”。经过 10～15 天，芽萌动时，灌一次大水。此后半月，再灌一次大水。每次灌水后，要随即中耕保墒。在顶端新梢生长到 20cm 时，追施一次速效氮肥，每公顷人粪尿 15t，或尿素 225kg。施后灌水，以尽快发挥肥效，促进苗木生长。7 月下旬砧苗加长生长缓慢、加粗生长加快时，再追施一次速效氮肥，每公顷人粪尿 15t，或尿素 225kg。随水施入，促使苗木增粗，以增加当年可以嫁接的砧苗数量。

分株育苗繁殖系数较高。一般每株母苗当年可分生 6～7 株砧苗，少数 2～3 株。分株当年 6 月份，每株母苗上一般有 1～2 株砧苗达到芽接粗度，可以进行芽接，当年出圃。部分砧苗可待 8～9 月份芽接生产半成品苗。当年不足芽接粗度的，次年春天可再分株移栽，继续繁殖砧苗。分株苗分根以下的母苗部分春季可行劈接。这样，应用分株法繁育砧苗时，当年一般每公顷可出圃成品苗 7.5 万～9 万株，生产半成品苗（接芽苗）18 万～22.5 万株，分株砧苗 7.5 万株左右。次春还可生产部分板片芽接苗。

3. 压条育苗　水平压条：水平压条，多在 7～8 月份雨季进行。压条时，将靠近地面的、具有多个侧枝的 2 年生萌条、水平横压于圃地的浅沟内，然后覆土。覆土厚度以使侧枝露出地面为度。次年春季，将生有根系的压条分段剪开，移栽后供嫁接用。

埋干压条：春季在圃地内按 50cm 行距，开做深 10～15cm 的浅沟，将砧苗顺沟栽植，覆土后踏实根部。将苗茎顺沟压倒，其上覆土厚 2cm，灌足底水。砧苗成活后，萌发大量萌条。当萌条生长到高 10cm 左右时，在其基部培土，促使生根，秋季落叶后，将苗木刨起，按株分段剪开即可。采用这种方法，一般每株埋于苗可繁殖砧苗 4～5 株。

压条繁殖时，园地的整理、施肥和灌水等，与分株育苗相同。

4. 组培快繁 试管苗培养。将经过灭菌处理的种胚、茎尖等外植体经过灭菌处理后接种在萌发与生长培养基上，2 周左右，茎尖萌动，20 天芽迅速增大，30 天后分化出丛芽，45 天以后，长高到 2cm 左右，成为带有 4～5 片叶的试管苗。

快速繁殖。试管苗经切段后，接种到继代培养基上，30 天左右苗可长到 4～6cm 高，成为具有 4～8 片叶的无根苗。30 天增殖一次，增殖系数 5 倍以上，且生长整齐。

诱导生根培养。将 2cm 以上的无根苗，接种到生根培养基上，进行根的诱导，培养 20 天长出根系，加入活性炭，保持试管苗的根系长久洁白，移栽易成活。在根的诱导初期，茎的生长明显受到抑制；根出现后，茎则迅速伸长。

驯化移栽。生根培养的试管苗放在培养室中培养 20 天后，搬到温室自然光下培养 5～10 天，打开瓶塞 3 天，然后进行移栽，一般采取三步移栽法：首先将试管苗栽到细河沙中，温室温度20℃左右；二是待温室栽2周后，新根增至4条以上。同时长出新的叶片，将驯化的小苗上盆培养，盆土以壤土为宜，一周后逐渐放风准备入大田；三是把上盆驯化苗带土移栽入大田。一般5～7月栽到大田的试管苗，当年可长到1m以上；8～9月栽的，当年能长到40cm以上，且长势健壮一致。

三、嫁接苗的繁殖与管理

1. 砧木类型 樱桃的砧木种类较多，目前我国应用较多的砧木主要有以下几种。

（1）中国樱桃 中国樱桃为灌木或小乔木，树势强健，树冠开张，分蘖力极强，自花结实，适应性广，较耐干旱、瘠薄，但不抗涝，耐寒力弱。须根发达，生根浅，水平根伸展范围很广。种子出苗率高，扦插较易生根，嫁接成活率高，进入结果期早。但实生苗病毒病较重，根系浅，遇大风易倒状。

（2）考特 考特根系发达，与大樱桃嫁接亲和力高，嫁接苗生长旺盛。干性强，较耐涝，分枝角度大，结果早，较易管理。考特的分蘖和生根能力很强，易于通过扦插、水平压干或组织培养繁殖苗木。考特对根癌病表现为弱抗性；对黏壤土，栽培过桃子、李子等核果类的园地或在靠近桃园、李子园四周的园地，不宜栽培。

（3）山樱桃 主要用种子繁殖，也可扦插繁殖。适应性强，抗旱抗寒。主侧根皆较发达，嫁接大樱桃亲和力强，山东烟台牟平从大连引入山樱桃嫁接的大樱桃苗木试栽，固地性好，生长健旺，结果良好。缺点也易感染根癌病。

（4）吉色拉5号 根系发达，适于黏重土壤和多种土壤类型，与50多个品种嫁接都得到理想结果。非常早果，2～3年生开始结果，通常4～7年生5～15kg/株，耐PDV和PNRSV病毒，中等耐水渍，抗寒性优于马扎德和考特，但不如其他的Gisela品系，是德国种植最多、最有名的Gisela砧木。但在很贫瘠的土壤和自然降水少及不良栽培条件下，枝条生长量少，果变少，可能出现早衰。

（5）毛把酸　又名磨把酸、磨把儿。是欧洲酸樱桃的一个品种。1871年由美国引入烟台，在山东、河北、辽宁省有少量分布。除本身作栽培外，在烟台的龙口和芝罘也作大樱桃的砧木。小乔木或丛状灌木，树体较矮小，树冠开张，根部萌蘖力极强；根系发达，固地性强；实生树，主根粗，细长根多，须根少而短，分布深，固地性强，与大樱桃的亲和力强。嫁接树长势健旺，树冠高大，丰产、长寿，不易倒状，耐寒。但在黏性土壤上生长不良，较易罹根癌病。

2. 接穗的采集　接穗采集可在萌芽前1个月进行，选择生长健壮、优质丰产、适应性强、无病虫害的结果枝和发育枝，以树冠外围充实粗壮的枝条最好。采后蜡封，蜡封后按品种捆好，低温5～8℃贮藏，随用随取。春季枝接在砧木萌动至萌芽展叶前进行，具体时期因地区、气候而异，如辽宁在5月上旬，河北在4月中下旬，山东在3月底至4月上旬，河南在3月下旬。

3. 嫁接方法

（1）“丁”字形芽接法　是果树育苗中芽接最常用的方法。一般在接穗新梢停止生长前，而砧木和接穗皮层易剥离时进行。芽接接穗应选用发育充实、芽体饱满的当年生新梢，接穗采下后，立即剪除叶片，保留1cm左右的叶柄，以减少水分蒸发，最好随采随用。砧木一般选用1～2年生的小苗。砧木过大，不仅皮层过厚不便于操作，而且接后不易成活。

先从芽上方0.5cm左右，横切一刀，刀口长0.8～1cm，深达木质部，再从芽片下方1～1.5cm连同木质部向上斜削到横切口处，捏住芽片横向一扭，取下芽，芽片不带木质部，芽居芽片正中或稍偏上一点。在距地面5cm左右，选光滑无疤部位横切一刀，深度以切透韧皮部为准，宽度比接芽略宽，然后从横切刀口中央向下竖切一垂直口，使切口呈T形。长度与芽片长度相适应，切后用刀尖左右一拨撬起两边皮层，把芽片放入切口，迅速插入，并使接芽上切口与砧木横切口密接，其他部分与砧木紧密相贴，然后用塑料带从下向上一圈压一圈地把切口包严，注意将芽和叶柄留在外面，以便检查成活。

（2）嵌芽接法　又叫带木质部芽接法。此法不受砧、穗离皮与否的影响，且嫁接后接合牢固，利于成活，已在生产实践中广泛应用。嵌芽接适用于大面积育苗。

选健壮的接穗，切削芽片时，自上而下切取，在芽的上部1～1.5cm处稍带木质部往下斜削一刀，达到芽的下方1cm处，然后在芽的下部0.5cm处向下向内斜削到第一刀削面的底部，即可取下芽片，一般芽片长2～3cm，宽度不等，依接穗粗度而定。在砧木平滑处，用削取芽片的同一方法，削成与带木质部芽片等大的切口，将砧木上被削掉的部分取下，下部留有0.5cm左右。将芽片插入切口使两者形成层对齐，再将留下部分贴到芽片上，用塑料布绑扎好即可。

（3）切接法　切接法一般用于直径2cm左右的小砧木，是枝接中最常用的一种方法。

嫁接时先将砧木距地面5cm左右圆整平滑处剪断，削平剪口，选择较平滑的一面，用切接刀在砧木一侧（略带木质部，在横断面上为直径的1/5～1/4）垂直向下切，深度应稍小于接穗的大削面，2～3cm。再把接穗剪成有2～3个饱满芽的小段，将接穗下部的一面削成长3cm左右的大削面（与顶芽同侧），另一面削一长1cm左右小削面，削面必须平。将削好的接穗，大削面向里、小削面向外的方向插入砧木切口，使接穗形成层与砧木形成层对准密接。接穗插入的深度以接穗削面上端露出0.2～0.3cm为宜，俗称“露白”，有利愈合成活。如果砧木切口过宽，可对准一边形成层，然后用塑料条由下向上捆扎紧密，使形成层密接和伤口保湿。

（4）腹接法　多用于填补植株的空间，一般是在枝干的光秃部位嫁接，以增加内膛枝量，补充空间。

选一年生生长健壮的发育枝做接穗，每段接穗留2～3个饱满芽，用刀在接穗的下部先削一长3～5cm的长削面，削面要平直，再在削面的对面削一长1～1.5cm的小削面，使下端稍尖，接穗上部留2～3个芽，顶端芽要留在大削面的背面，削面一定要光滑，芽上方留0.5cm剪断，在砧木的嫁接部位用刀斜着向下切一刀，深达木质部的1/3～1/2处，然后迅速将接穗大削面插入砧木削面里，使形成层对齐，用塑料布包严即可。

（5）劈接法　适用于大部分落叶果树。通常在砧木较粗、接穗较细时采用。一般选用一年生健壮枝的发育枝做接穗，在春季发芽前进行。

将砧木在离地面5～10cm处锯断，并削平断面，用劈接刀从砧木横断面的中央垂直向下劈，深4～5cm，一般每段接穗留 3 个芽，在距最下端芽 0.5cm 处，用刀沿两侧各削一个 4～5cm的大削面，使下部呈楔形，两削面应一边稍厚、一边稍薄。接穗削好后，把砧木劈口撬开，将接穗厚的一侧向外，窄面向里迅速插入砧木劈口中，使两者的形成层对齐贴紧，接穗削面的上端应高出砧木切口 0.2～0.3cm。当砧木较粗时，可同时插入 2 个或 4 个接穗，最后用塑料薄膜条绑扎严密即可。

4. 嫁接后管理

（1）及时松绑　樱桃嫁接后如遇雨或浇水，易引起流胶，影响成活。因此，嫁接后的半个月之内不要浇水。芽接的苗成活后要及时松绑，以防雨水沿绑缚物渗入皮层引起流胶。

（2）适时剪砧　对已经成活的芽接苗要进行剪砧。剪砧的适宜时间是在接芽变绿但尚未萌发前进行，过早剪砧易造成砧木抽干，引起接芽死亡。剪砧就是用修枝剪在接芽上约 1cm 处将砧木苗剪掉，剪砧时最好是接芽一侧稍高些，接芽的背侧稍低些，形成 1 个斜面，这样有利于愈合。

（3）绑梢防折　嫁接芽萌发后，生长迅速，由于木质软，极易弯曲或风折。因此，当接芽长到 20～30cm 时要及时设立支柱，将新梢固定在支柱上，以防被风折断。

（4）抹芽摘心　这期间要反复不断地抹掉砧木苗上发出的萌芽，同时加强田间管理，促使嫁接苗生长。当嫁接苗长到 30～40cm 时，对苗进行摘心，促使下部发枝。到 7 月上中旬可对上部过旺枝再次摘心，可以增加枝量，有利于苗木提早结果。

（5）肥水管理　嫁接苗萌芽后，要加强肥水管理，一般每隔 20 天左右浇 1 次水。结合浇水适时追施化肥，第一次可在

5月中下旬，每亩追施尿素5～10kg。第二次可于7月中旬，每亩追施磷酸二铵15kg左右。以后要适当控制肥水，以保证苗木的成熟，提高苗木的越冬能力。

（6）防治病虫　春季萌芽后，要注意对小灰象甲的防治；摘心苗萌发新梢后，要防止梨小食心虫的危害。7月上旬至8月上旬，连喷两次250倍多量式波尔多液，防早期落叶。

5. 苗木出圃　不论采取哪一种育苗方式，甜樱桃苗木均宜秋后出圃，集中存放。若露地自然越冬，极易因越冬抽条等遭受损失。一般在11月份落叶后，土壤封冻前，将嫁接苗刨起。先剔除病苗和嫁接未成活苗，然后根据苗干高矮、粗细，以及根系发育状况等进行分级，用于当地建园的，可直接定植。

包装外运的苗木，可将同级苗每10～50株扎成1捆，根部用草包包裹，内填湿润的牛毛草或锯木屑，以防根系干枯。然后在每捆苗木上系好纸牌，注明品种、规格和数量，就可交付外运。

健壮苗木的标难。品种纯正，砧木类型正确，地上部枝条健壮、充实，体芽饱满。实生苗地径（苗干基部土痕处的直径）0.7cm，主侧根长20cm，以保证在定植的第2年春季及时进行嫁接。嫁接苗嫁接口以直径1.0cm以上，高度1.0m以上，侧根长20cm，数量在4条以上，接口愈合良好，无病虫害及机械损伤。

苗木检疫。苗木检疫由经国家指定的机关或相关专业人员进行，用于绿色无公害果园的苗木必须具备合法的检疫证。樱桃苗木、接穗、种子的国内检疫对象为栗疫病，在甜樱桃新发展区，一切危险性病虫和当地未发现的病虫均应列为检疫对象，对发现有检疫对象的材料，报有关部门妥善处理。

6. 苗木假植 苗木不能及时外运或定植时，一定要假植。短期假植时，挖 40cm 深的沟。苗解捆后放入，散开根部、埋土，浇透水即可。需假植越冬的，则应选地势高燥、平坦、避风的地方挖沟假植。

沟深 50cm，宽 100cm，南北向延长，苗向南倾斜放，根部以湿沙填充。土壤干燥时要浇水，埋土深要在苗于 80cm 以上，即整形带要完全埋入土中。根之间一定要填充沙子，不得有空隙，以免捂根或风干。冬季风大地区要在假植苗上盖草帘，防治过度失水。假植过程中要随时检查，并防止兽害。若湿度过大或有捂根现象，要及时翻弄，重新假植。

第四章

樱桃园的建立

与其他果树一样，樱桃是一种多年生果树，在同一个地点生长几十年甚至上百年时间。因此，樱桃园建立的是否科学，对树体的生长发育、结果早晚、产量高低、品质优劣及今后的经济效益具有深远的影响，所以必须高度重视建园工作，做到高标准建园。

一、园址的选择

为了选好园址，首先应该了解樱桃对生态条件的要求，尽量选择适于樱桃生长发育的地方建园，做到适地适栽。

第一，樱桃不耐涝，也不耐盐碱。因此，要选择雨季不积水，地下水位低的地块建园，盐碱地不宜建园。

第二，樱桃不抗旱，根系不很发达。要选择土壤肥沃、疏松、保水性较好的沙质壤土，不宜在沙荒地和黏重土壤上建园，同时一定要有灌水条件。

第三，樱桃树一般根系较浅，容易被大风吹歪或吹倒，园址应选背风向阳的地块或山坡，并重视营造防风林。

第四，樱桃树开花早，易受霜害。俗话说：“雪下高山，霜打洼”，就是说，低洼的地方容易受霜危害。要把园址选在空气流通、地形较高的地方，春季温度回升较缓慢，以推迟开花期，避开霜冻危害。

第五，樱桃要抢市场，应选择交通方便的地点，最好是大城市郊区，方便市场销售，做到新鲜果品及时上市，可提高樱桃的经济效益。

第六，根据樱桃花美观，受人们喜爱，但果实采摘较困难等特点，也很适宜发展观光果园，果园的地点最好和旅游点相结合。

二、樱桃园的规划

1. 平坦地樱桃园的规划　平地或沙滩地，地势平坦，为了便于管理可将果园划分为若干小区。一般平地土壤差异较小，以10～20亩为一个小区。小区的形状可采用长方形，行向南北，受光均匀。小区间设4m宽的小道，主要供小型运输机械和车辆行走之用。然后，用干道将小道联接起来，通向园外，干道宽度以6m为宜。在沿海地区常受台风和季风侵袭，在建园时，必须设置防风林带；内陆平原或沙滩地设置防风林也有稳定气候、降低风速、减轻霜害、防止倒伏的效果。主林带要与主风向垂直，宽10～20m；副林带要与主林带垂直，宽5m左右；主林带之间的间隔200m，两副林带之间间隔200～300m。

2. 山丘地樱桃园的规划　山丘地区地形复杂，土质差异较大，小区面积可适当缩小，一般以几道梯田为一个小区。小区间的小路可缩窄至2m左右，干道为4m左右，以可以通告小型运输机械为宜。为防止水土流失，山丘地樱桃园必须修筑梯田，干道可根据地形在梯田边弯曲上升，有利于减少冲刷。

3. 辅助建筑物的设置 樱桃园辅助建筑物包括管理用房、贮藏室、农具室、包装场、药物配制池、养猪场等。平地果园包装场应设在交通方便的地方。配药池可设在果园小区的中心。山丘地果园应遵循重物运输自上而下的原则，养猪场应设在较高处，包装场在较低的交通方便处，以便于肥料和物资运输。

三、品种选择和配置

1. 品种选择 我国发展甜樱桃大多数是新发展果区。从品种上首先要求发展最优良的品种，要做到高起点。一般情况下，甜樱桃的主栽品种要求具有果个大、颜色深、抗裂果、风味佳、耐贮运等特性，但事实上，任何一个品种都不可能完美无缺。肉质硬度大的品种，一般贮运性能虽好，但往往裂果较严重；色泽鲜红艳丽的品种，商品价值虽高，但易遭鸟害；果个大的品种，虽受市场欢迎，但易受碰压伤。因此，在选用品种时要抓住主要性状，同时要从多方面考虑。

（1）成熟期 根据成熟期的早晚分为早熟、中熟、晚熟三类。如在鲁中南地区，早熟品种的成熟期多在雨季到来前，一般不容易发生裂果；中熟品种果实发育期 50～60 天；晚熟品种果实发育期超过 60 天，最长可达 80 天。目前，生产中多选择早熟品种，但晚熟品种往往品质好，为了延长樱桃的供应期，应注意早、中、晚品种的合理搭配。一般品种的比例可以考虑为 6∶2∶2，即 60％早熟品种，如红灯、意大利早红、芝罘红等；20%中熟品种如佐藤锦、红蜜、红艳等；20%晚熟品种如滨库、雷尼、拉宾斯、先锋等。

（2）果个大小　甜樱桃单果重一般都在5g以上，最大果重可达20g，多数品种单果重在9～11g。对小果型的甜樱桃，只有果大才能卖好价，因而在选择品种时，果个大小是重要的考虑因素。目前生产上，早大果、红灯、布鲁克斯、萨米脱、雷尼、宾库、友谊等，均为大果品种。

（3）抗裂果　在甜樱桃生产中，裂果是影响果实品质的一个非常重要的因素。品种间抗裂果性有一定差异。当前栽培品种一般早熟品种都表现不裂果或裂果轻；中熟和晚熟品种，如红丰、红艳、那翁等裂果比较严重。据资料介绍，拉宾斯、萨米脱、斯坦勒等品种都是抗裂果品种。

（4）色泽　甜樱桃根据色泽可以分为紫、红、黄三类，或者分成深色、浅色两类。从我国市场情况看，人们喜爱深色品种，包括深红色或紫红色，黄色品种竞争力较差。因此，生产中应以深色品种为主。早大果、红灯、美早、桑提娜、先锋、甜心、宾库、拉宾斯、萨米脱等都是较好的深色品种。但浅色品种中不乏一些丰产、果较大、肉硬、风味好的优良品种，如佐藤锦、烟台1号等，无疑也可作为主栽品种发展。对于黄色品种品质好的也可适当发展如佐藤锦、雷尼、红蜜等。

（5）丰产性　在丰产性方面，从已有栽培品种表现来看，芝罘红、红蜜、红艳、雷尼、红灯、红丰、那翁、拉宾斯、斯坦勒、先锋、佐藤锦等品种在正常年份，都是比较丰产的品种。但那翁、拉宾斯、斯坦勒、先锋等品种花期遇低温，则坐果率很低，表现抗低温能力差。

（6）果实风味　甜樱桃以甜味为主，甜酸适口，风味上佳。就目前品种来看，佐藤锦的风味最佳，布鲁克斯、红宝石甜味浓，芝罘红、早大果、雷尼、红丰、烟台一号、黄玉、宾库、拉宾斯、先锋、友谊等的风味也属上乘，红灯风味淡，红蜜仅有甜味。

2. 配置适宜的授粉品种 中国樱桃自花结实率较高，在建园时，不配置授粉品种结果也很好。但甜樱桃多数品种属异花授粉品种，自花授粉不能结实，或自花结实率很低，需要配置授粉品种，即使是自花结实率较高的品种，配置授粉品种也可提高结实率，增加产量，改善品质。据国外研究，异花授粉品种对授粉树有一定的选择性，有些品种与主栽品种的授粉亲和力低，花期要与主栽品种一致。同时还要注意授粉品种的丰产性、适应性和商品性等。甜樱桃的花粉量不是很大，所以授粉树的比例应该大一些，只有配置足够的授粉树，才能保证满足授粉受精的要求。在成片的樱桃园中，授粉树的比例最低不应少于20%～30%。授粉树的配置方式，平地果园可每隔2～3行主栽品种栽一行授粉品种；山地丘陵梯田果园可在主栽品种行内混栽，每隔3株主栽品种栽一株授粉品种。如果樱桃预选两个都比较好的品种，则可选该两个主栽品种互相授粉。

四、栽前土壤改良

樱桃栽植前，应施足基肥，每亩施土杂肥5 000kg。撒施后，用深耕犁全面深耕，深度达到50～60cm以上。如果园地较小或不便利用机械作业的坡地，也可采取挖定植穴和定植沟的方法。定植穴的大小为直径100cm，深度60cm。定植沟的宽度为150cm，深度60～70cm。

开穴栽树的做法应该提倡，但要解决死穴与暗涝问题。若松土层较浅，一般深 20～30cm 的地块，在挖穴时，必须在穴与穴之间挖相连接的纵横向沟，以解决死穴问题，防止局部涝害。一般沟的深度应比穴的底部深 10～15cm，然后回填。回填时，沟的底部可放一些作物秸秆，也可结合施一些有机肥，下部应用地表熟土或用结构松散的砂土回填，以提高透水性。

对梯田大樱桃园，应挖好堰下沟和贮水坑，以切断渗透水，防止内涝。堰下沟的深度以地堰的高度为定，地堰低可挖浅一些，地堰高应挖深一些，一般应挖宽 60cm，深 50～60cm 为宜。

五、苗木的选择与处理

定植以前要核对品种，并将苗木按大小严格分级，同种规格的苗木栽植在一起，以保证园内的整齐划一，将不符合生产要求的苗木剔除。合格的苗木标准应该是根系完整，须根发达，有 6 条以上粗度在 5mm 左右，长度约 20cm 的大根，不劈、不裂、不失水，无病虫害；枝条粗壮，节间较短而均匀，芽眼饱满，皮色光亮，具本品种的典型色泽，无破皮掉芽现象；苗木高度在 1.2m 以上。

定植以前，将经过越冬假植的苗木或者从外地购进的苗木根系放在水中浸泡 12h 以上可显著提高定植的成活率；如果有条件可将苗木根系放在由腐熟的鸡粪配成的肥浆中浸泡则效果更好。

浸泡以后，将大根进行修剪，剪去劈裂、损伤部分，病虫危害或腐烂的根要剪至新鲜白茬，无损伤的根仅剪去先端毛茬即可。经过修剪的根系伤口平滑，组织新鲜而有活力，愈合快，发根力强，有利于促进苗木成活和缩短缓苗期。

六、栽植密度

1. 栽植密度 栽植密度要考虑到立地条件、砧木种类、品种特性及管理水平。一般立地条件好，乔化砧品种生长势强，栽培密度要小一些；山地果园，矮化砧，品种生长势弱，则栽植密度就大一些。另外，高度密植果园管理水平要求高。目前老果园多为4m×5m、5m×6m或6m×7m，每亩16～33棵，这种密度早期产量低，植株高大，不抗风灾。为了合理利用土地，充分利用光能，提高早期产量和增强植株群体抗风能力，新建甜樱桃园，应适当密植为3m×5m或2m×4m，每亩44～83棵。主栽品种和授粉品种之比为3∶1。若利用矮化砧木或紧凑型品种，如短枝斯坦勒等，密度还可适当加大。

2. 栽植方式 栽植方式根据地形而定。平地建园宜采用长方形，行距宽，株距窄，宽行密植的优点是光照条件好，行间可以开进打药机及小型运输车，便于机械化操作，并省人工。另外，在定植果树后的前1～3年，可以种一些间作作物，行间较宽利于间作物的生长，以后也可以间作绿肥。

栽植行的方向要求南北向，这样上午和下午，可以充分利用阳光，使光照能照到树的下部，中午光线过强，有一部分可以被行间的作物或绿肥利用。山坡地栽植，要采用等高梯田栽植法，较窄的梯田，可栽1行。梯田面宽时，可适当多栽几行，或者在梯田外堰种1行，里面间作作物。因为，外堰土壤比较深厚，空间大，光照好。

七、栽植时期和方法

1. 栽植时期　我国大樱桃产区，一般都在春季土壤解冻后至苗木发芽前栽植。山东烟台地区果农习惯在 3 月中下旬，临近发芽前定植。实践证明，此时栽植，成活率高。在冬季低温、干旱、多风的北方或沿海，秋栽易出现失水抽干现象，降低成活率，故春栽好于秋栽。

2. 高垄栽植　甜樱桃特别怕涝，在华北地区虽然年降雨量不大，但是集中在 7～8 月，一场大雨往往把樱桃树淹死。为了防止内涝，利于排水，并保证根系土壤通气，可以用推土机推出垄和沟，或者用拖拉机开深沟，再用人工整地，形成 2～3m 宽的垄，垄比沟高 20～30cm，将树种在垄的中央。这种方法不但有利于排涝，保证根系处不积水，同时表土增厚，特别有利于幼树的生长。

3. 栽植方法　在栽植前山地果园及平原土壤贫瘠地区要挖较大的定植坑，最好在前一年挖好，要求坑的直径 1m、深 80～100cm。再将碎树叶、作物碎秸秆、杂草等与周围的表土混合后，回填入坑内，并要混入一定量的有机肥和复合肥，将坑填平。平原土壤肥沃深厚的地区，整地成高垄后，一般不必挖大坑，可挖直径 50cm、深 50cm 的穴，施入有机肥和复合肥后，用表土填平，以备春季栽种。在春季栽苗时在已挖坑的中央，挖一个与根系大小相适应的小穴，树苗放在穴中，而后填上疏松的表土，埋土后提动苗子，使根系四周与土壤密接，同时使根系伸展，而后再踏实，要求踏实后树苗的栽植深度和树苗在苗圃中的深度相同，切忌栽植过深。而后在树苗四周筑起土埂，整好树盘，随即浇水。

4. 地膜覆盖 北方地区常常春季干旱，甜樱桃栽植后，浇水非常费工，同时灌水会降地温，减少土壤的空隙度，不利于根系生长。要求起垄栽植，而后在树苗两边铺2条地膜，两边用土压好。地膜覆盖的优点很多，首先是土壤保墒，一般覆盖地膜后，春季可以不必再浇水，省水省工。另外，可以提高土温，早春种树时土温比较低，根系活动困难，而地膜覆盖能提高土温5℃左右，促进了根系活动，不但能确保栽植的成活率，而且可使幼苗提早发芽和生长。地膜覆盖还能抑制杂草，使田间管理很省工。

八、防止冬季抽条措施

1. 甜樱桃抽条产生的原因 冬春季节大樱桃幼树枝条自上而下干枯的现象，称为抽条。抽条严重的植株地上部分全部枯死。产生抽条有地上和地下两方面的原因。地上部分是水分蒸发，地下部分是根系不能吸收足够的水分来补充枝条的失水。在冬季和早春，地下土壤冻结，幼树的根系很浅，大都处于冻土层，不能吸收水分或很少吸收水分，而早春白天气温在0℃以上，中午可在10℃以上，同时风大空气干燥，枝条水分蒸腾量很大，造成明显的水分失调，引起枝条生理干旱，从而使枝条由上而下抽干。

2. 防止抽条的措施

（1）建园选择 由于大樱桃不耐寒，在早春低温、风力较大地区不宜发展。建园时，在西北方向营造防护林带，改善园内小气候。

（2）品种选择　要选择抗旱性、抗寒性、抗逆性强的品种和砧木，并嫁接优良大樱桃品种。秋冬季节加强综合管理，增强越冬期植株的抗寒能力。

（3）缠塑料条　在冬季修剪后，立即缠塑料条，塑料条的材料，可以用较厚的塑料薄膜，也可以用地膜，实际操作时，以价格便宜的地膜为好，但不要用超薄地膜。为了使用方便，可将地膜先卷成小卷，而后用剪枝剪成小段，宽3--4cm，用时每卷可以缠10多棵小树。缠时首先要将剪口缠严，而后从上到下一圈压一圈，将枝条都用塑料薄膜包起来，塑料条的末端穿入上面一圈的扣中，压紧。第一年冬季修剪时，只要留3个主枝和主干，其他小枝剪除，可减少缠塑料条的工作量，一定要把所有剪口都用塑料包严，主干最好也缠上塑料条。缠塑料条后，能有效抑制水分蒸发，枝条直到春季一直能保持柔软，能100%地防止出现抽条。到春季芽萌动时，将塑料条解开。

（4）涂抹凡士林　涂抹凡士林的时期不宜过早，如11月气温比较高，通常在有芽的地方凡士林涂抹得比较多；太阳晒时，半溶化的凡士林有渗透作用，会对芽以后的萌发生长产生不良影响。所以要到12月气温低时进行涂抹。涂抹凡士林的方法比较简单，可戴上手套，将凡士林涂在手套中间，而后抓住枝条由下而上涂抹。戴手套涂抹的方法有很多优点：首先是手温可使凡士林变柔软；其次是便于操作，而且速度快，所以要在天气温暖时操作，以免冻手冻脚不便于操作。涂抹凡士林时要求涂抹得均匀又薄，芽上不要有堆积的凡士林。涂抹凡士林与缠塑料条相比，前者防止水分蒸发的效果不如后者好，但是在小枝较多的情况下，前者速度快，比较省工。涂抹凡士林防止枝条水分蒸发的效果要比缠纸条、喷液体塑料、液体树脂的效果好。

（5）覆盖地膜　地膜覆盖可以保持土壤水分，特别是可以提高地温，在华北地区，地膜下的土壤基本不冻结，到早春天气好时，地膜下的温度可达10℃，甚至更高。在枝条水分蒸腾量很大的时期，根系已经能活动，吸收水分，补充地上部分水分的消耗。所以地膜覆盖也可以有效地防止抽条。其方法是在秋冬施肥灌水后，在幼树的两边各铺一条宽约1m的地膜，四周用土压住即可。不要在地膜上再压土，以防影响阳光直射到土壤上。

（6）覆土培埂　秋末栽植的当年生的大樱桃幼树，要及时定干。在土壤结冻前，把苗木压弯尽量接近地面，然后在苗干上覆土，全部埋严。翌年春，土壤解冻，气温稳定后，去除覆土，刨出苗干、扶正。2～3年生的大樱桃幼树，在冬春风大的地区，在靠近枝干的北面培高50cm的月芽形埂，可起到防风作用。

第五章

樱桃园的土肥水管理技术

樱桃树为浅根性果树，大部分根系分布在土壤表层，表现不抗旱、不耐涝、不抗风。因此，要求土壤肥沃，水分适宜，通气良好。樱桃树对土、肥、水管理要求较高，要充分满足樱桃树根系生理活动的需要，为优质、丰产、稳产奠定基础。

一、土壤管理

大樱桃园的土壤管理，主要包括深翻扩穴、中耕松土、果园间作及地面覆盖等内容。土壤管理的具体技术和方法，要根据大樱桃园的地形、土壤、栽植密度和树龄等，因树、因地制宜地进行。

1. 深翻扩穴　通过深翻扩穴可以达到以下目的：一是加深土壤活土层，促使樱桃根系向更深、更广层土壤生长，从而能吸收更多的营养，使树体生长更加茂盛，优质丰产；二是增加土壤透水性，促进大樱桃生长发育。大樱桃园的土壤深刨，要从幼树期开始，坚持年年进行。

深翻扩穴，一般在 9 月下旬至 10 月中旬结合秋施基肥进行。选择此时深翻的原因：一是由于气温较高，土壤深翻后有利于有机肥的分解吸收；二是断根后根组织容易愈合，对新根形成有利。这主要是因为这个季节根系处于生长活动期，发根快，且数量多。

丘陵山地果园可采用半圆扩穴法。即在距树干1.5m处开挖环形50cm左右深的沟，然后将土与玉米、小麦等作物秸秆和腐熟的厩肥、堆肥等有机肥料混合后分层回填沟内，并随填随踏实，填平后立即浇水，使回填土沉实。这样不但达到了扩穴的目的，而且还增加了土壤中的有机质含量，既改良了土壤，又培肥了地力，促进了根系的生长发育。一株树分两年完成扩穴，以防伤根太多影响树势。

对地势平坦的平原或沙滩地果园，采用“井”字沟法深翻或深耕，分年完成。深翻，即在距树干1m处挖深50cm，宽50cm的沟，隔行进行，第二年再挖另一侧。深耕，可先在行间撒上粉碎的秸秆、厩肥等再深翻压入土中。

2. 中耕松土 大樱桃对土壤水分敏感，根系要求有较好的土壤透气条件。因此，中耕松土也是大樱桃园土壤管理中一项不可忽视的工作。

大樱桃园的中耕松土，一般是在灌水或雨后进行。特别在进入雨季之后，大樱桃的白色吸收根往往向土壤表层生长。烟台大樱桃产区的群众，把这种习性叫做“雨季泛根”。降雨多时，土壤氧气含量下降，杂草易滋生蔓延。因此，进入雨季后，更要勤锄松土。一是可以切断土壤毛细管，保蓄土壤水分；二是可以灭除杂草，改善土壤通气状况。

中耕松土的深度，以5～10cm为宜。中耕松土的次数，则要视降雨、灌水及杂草的生长情况确定，以没有杂草为度。中耕时，也要注意适当加高树盘土壤，以防积水。

3. 地面覆盖 大樱桃园的地面覆盖，主要有覆草和覆膜等两种方法。

（1）树盘覆草 树盘覆草能使表层土壤温度相对稳定，保持土壤湿度，提高有机质含量，增加团粒结构，在山丘地缺肥少水的果园内覆草尤为重要。覆草还可促进根系生长，特别有利于表层细根的生长，促进树体健壮生长，有利于花芽分化，提高坐果率，增加产量，改善品质。山东烟台果农在大樱桃园覆草后，花朵坐果率比不覆草的提高 24.1%～27.2%，平均单果重比对照高 18.4%，且覆草时间一般以夏季为最好。因此时正值雨季，温度又高，草易腐烂，不易被风吹走。在干旱高温年份，此时覆草可降低高温对表层根的伤害，起到保根的作用。

覆草的种类有麦秸、豆秸、玉米秸、稻草等多种秸秆。数量一般为每亩 2 000～2 500kg 麦秸。若草源不足，应主要覆盖树盘，覆草厚度为 15～20cm。覆盖前，要把草切成 5cm 左右，撒上尿素或鲜尿堆成垛进行初步腐熟后再覆盖效果更好。覆草时，先浅翻树盘。覆草后用土压住四周，以防被风吹散。刚覆草的果园要注意防火。每次打药时，可先在草上喷洒一遍，集中消灭潜伏于草中的害虫。覆草后若发现叶色变淡，要及时喷一遍 0.4%～0.5%的尿素。

大樱桃园进行覆草，以丘陵山地果园为宜，可有效地防止土壤和养分流失。土质黏重的平地果园及涝洼地不提倡覆草，因其覆草后雨季容易积水，引起涝害。另外，覆草的果园，花期提前 1～2 天，对预防晚霜袭击不利。

（2）地膜覆盖 大樱桃园覆盖塑料薄膜时，宜选用厚度为 0.07mm 的聚乙烯薄膜。覆膜前，先整好树盘，灌水后，将聚乙烯薄膜覆盖在整好的树盘土面上，四周用土压实。覆膜后，不再灌水和中耕除草。1 年后薄膜老化破裂时，可更换薄膜，继续覆盖。

4. 果园生草 果园生草是目前国内外大樱桃栽培中正大力推广的一种现代化的土壤管理方法，也是实现果园仿生栽培的一种有效手段。

大樱桃园生草可采用全园生草、行间生草和株间生草等模式，具体模式应根据果园立地条件、管理条件而定。土层深厚、肥沃，根系分布深的果园，可全园生草；反之，土层浅而瘠薄的果园，可用后两种方式。在年降水量少于 500mm、无灌溉条件的果园，不宜进行生草栽培。

适合大樱桃园生草的种类：禾本科的有早熟禾、百喜草、剪股草、野牛劲、羊胡子草、结缕草、鸭茅、燕麦草等，豆科的有白三叶、红三叶、紫花苜蓿、扁豆黄芪、田菁、豌豆、绿豆、黑豆、多变小冠花、百脉根、乌豇豆、沙打旺、紫云英、苕子等，以及夏至草、泥胡菜、荠菜等有益杂草，近几年有用黑麦草、羊茅草等禾本科牧草，也可用豆科和禾本科牧草混播或与有益杂草夏至草搭配。

种草时间与播种量：自春季至秋季均可播种，一般春季 3～4 月份和秋季 9 月份地温在 15℃以上时最为适宜。春季播种，草被可在 6～7 月份果园草荒发生前形成。播种量视生草种类而定，如黑麦草、羊茅草等牧草每亩用草种 2.5～3kg，白三叶、紫花苜蓿等豆科牧草每亩用种量1～1.5kg。

种植方法：可直播和移栽，一般以划沟条播为主。平整土地以后，最好在生草播种以前半个月灌一次水，诱使杂草种子萌发出土，然后喷施短期内降解的除草剂如克芜踪等，10 天以后再灌水一次，将残余的除草剂淋溶下去，然后播种草籽，这样可以减少杂草的干扰；否则，当生草出苗后，杂草掺和在内，很难拔除。

果园生草应当控制草的长势，适时进行刈割，以缓和春季与大樱桃争夺水分和养分的矛盾，同时还可以增加年内草的产量。一般一年刈割2～4次，灌溉条件好的可以多割一次。初次刈割要等草根扎深、营养体显著增加以后才开始。刈割要掌握好留茬的高度，一般豆科草茬要留1～2个分枝，留茬15cm左右，禾本科草要留有心叶，一般留茬10cm左右，如果留茬太低就会失去再生能力。带状生草的刈割下的草覆盖于树盘上，全园生草的则就地撒开，也可以开沟深埋。

生草园早春施肥应比清耕园增施一半的氮肥；生草5～7年以后，草逐渐老化，应及时翻压，休闲1～2年以后重新播种。翻压以春季为宜，也可以在草上喷洒草甘膦等除草剂，使草迅速死亡、腐烂，翻耕后有机物迅速分解，速效氮激增，应适当减少或停施氮肥。

二、施肥技术

1. 樱桃的需肥特点　大樱桃开花、展叶、抽梢和果实发育到成熟都集中在生长季的前半期，从开花到果实成熟仅需45天左右的时间，绝大部分的梢叶也是在这一时期形成的，而花芽分化又在果实采收后的1～2个月内基本完成，具有生长发育迅速、需肥集中的特点。因此，大樱桃越冬期间贮藏养分的多少，生长结实和花芽分化期间营养水平的高低，对壮树、丰产有重人的影响。

据研究，在 453.952kg 大樱桃成熟果实中，含氮 1.039kg、含磷 0.141kg、含钾 1.256kg。若以氮的绝对含量为 10 的话，则氮、磷、钾的比例为 10∶1.4∶12.1，6 月下旬和 8 月下旬，大樱桃叶片中的含氮量分别为干物质的 2.639%和 2.160%、含磷量为 0.302%和 0.329%、含钾量分别为 2.782%和 2.637%。以氮的绝对含量为 10，则氮、磷、钾的比例为 10∶1.2～1.5∶10.5～12.2。在年周期发育过程中，叶片中氮、磷、钾的含量，以展叶期最大，此后逐渐减少。钾的含量在 10 月初回升，并达到最高值。由此可以看出，大樱桃对氮、钾的需要量很多，且数量相近。对磷的需要量则要低很多。氮、磷、钾的适宜用量比例，在 10∶1.5∶10～12 范围内。一年中从展叶到果实成熟前，需肥量最大，采果后至花芽分化盛期需肥量次之，其余时间需肥量较少。

2. 樱桃的施肥原则

（1）建立有机肥为主的施肥制度　有机肥不仅具有养分全面的特点，而且可以改善土壤的理化性状，有利于大樱桃根系的发生和生长，扩大根系的分布范围，增强其固地性。早施基肥，多施有机肥还可增加大樱桃贮藏营养，提高坐果率，增加产量，改善品质。

（2）抓住几个关键时期施肥　生命周期中抓早期，先促进旺长，再及时控冠促进花芽分化。年周期中抓萌芽期、采收后和休眠前三个时期。

（3）以平衡施肥为主　追肥上应以平衡施肥为主，然后根据各时期的需肥特点有所侧重。

3. 施肥方法　大樱桃的施肥时期、施肥量和施肥方法，因树龄、树势和结果量的不同而不同。山东烟台大樱桃产区，对幼树和初果期树，强调施基肥，一般不行追肥，结果大树则需增加追肥次数。

（1）基肥　基肥以有机肥料为主，是较长时间平稳、均衡供给果树多种营养成分的基础性肥料。通过基肥增施有机肥料，能够提高土壤有机质含量，而土壤有机质含量是土壤结构好坏、土质肥沃程度的主要指标；增施有机肥是改良土壤的主要措施之一，是决定大樱桃果实质量的基础，在大樱桃生产中具有不可替代的作用。

有机肥的施肥数量，在目前有机肥料来源严重不足的情况下，至少应该保证500g果施1～1.5kg有机肥的材料。生产当中还应根据树龄、树势及有机肥料的种类和质量而定。山东烟台大樱桃主产区总结多年的施肥经验，认为幼树和初果期树，一般树施入人粪尿30～50kg，或猪粪120kg，结果大树株施入人粪尿60～80kg，或每亩施猪圈粪3 000～5 000kg。

基肥用的人粪尿，一定要事先经过拌土堆积发酵后再施用，以防烧伤根系。为提高肥效，堆积发酵时要加入过磷酸钙，其用量是每100kg人粪尿中加入5kg过磷酸钙即可。鸡粪是一种较好的有机肥，对健壮树势提高果实品质十分有利。近几年，山东烟台不少大樱桃园用腐熟的鸡粪作为基肥的肥源。但必须注意用鸡粪作基肥，一定要事先堆积发酵，腐熟后再施用，避免烧根和孳生虫害。

基肥可以在秋季或春季施用，根据大樱桃的生长特点，基肥宜在秋季早施。一方面此时地上光合积累充足，根系活动旺盛，伤根容易愈合，切断一些细小根，起到根系修剪的作用，可促发新根；另一方面根据大樱桃的生理特征在施基肥时通常要加入适量的速效性氮肥，被树体及时地吸收以后，因此时地上部新生器官已基本停止生长，几乎全部被用来作为积累贮备，可以显著提高树体贮藏营养水平和细胞液浓度，对来年的萌芽开花和新梢早期生长十分有利。此外，早秋施基肥，有机物质腐烂分解时间较长，矿质化程度高，翌年可及时供根系吸收利用，并有利于果园积雪保墒，提高地温，防止根际冻害。

人粪尿多采用开放射状沟施，或开大穴施用；猪圈粪则多土壤深刨进行撒施，或行间开沟深施，沟深 50cm 左右。

（2）土壤追肥　基肥发挥肥效平稳而缓慢，当大樱桃需肥急迫时必须及时补充方能满足果树生长发育的需要。追肥既是当年壮树、高产、优质的肥料，又给来年生长结果打下基础，是大樱桃生产中不可缺少的施肥环节。

①追肥时期。花果期施肥：此次追肥在谢花后，果核和胚发育期以前进行，目的是为了提高坐果率和供给果实发育、梢叶生长，同时促进果个增大。肥料种类以速效性氮肥为主，配以适量磷、钾肥。生产上常用全元复合肥或腐熟人粪尿。注意此次追肥不能晚，过晚往往使果实延迟成熟，品质降低。

采果后补肥：此次追肥是一次关键性的施肥。此时正值从展叶抽梢、开花坐果到果实发育的营养消耗阶段，向营养长时间积累阶段过渡，并开始花芽集中分化，此时及时补充肥料，对增加营养积累、促进花芽分化、维持树势健壮都有重要作用。

采果后补肥的种类，主要是腐熟的人粪尿、腐熟豆饼水及复合肥等。

秋季施肥：此次追肥常结合秋施基肥施入，主要目的就是提高树体后期的营养积累，增强越冬抗寒能力，为来年的丰产优质打下基础。施肥的种类应以氮肥为主，配以适量的磷、钾肥。缺素症发生严重的园片可随同基肥一块施入相应的微量元素肥料。

②追肥量。确定施肥量的方法很多，然而根据土壤或叶片分析值进行理论计算，现在在实际生产中一时还难以推广，确定施肥量的主要手段，还是凭以往的生产经验。据山东烟台的经验，花果期追肥，成龄大树一般株施复合肥 1～2kg 或株施人粪尿 25kg，采果后补肥成龄大树每株施复合肥 1～1.5kg 或腐熟人粪尿 70kg 或腐熟猪粪尿 100kg，初结果树每株施磷酸二铵 0.5kg 左右。

③追肥方法。通常腐熟人粪尿或猪粪尿，可采用放射状沟施；复合肥采用在树冠外围 30～50cm 的地方，进行放射状或弧形沟施。开沟时，要多划几条，一般 7～9 条，以扩大施肥面，便于吸收。并可避免肥料过于集中，烧伤根系。

（3）根外追肥　根外追肥是一种应急和辅助土壤施肥的方法，具有见效快和节省用肥等特点。在调节树体长势、促进成花、提高坐果率和改善品质等方面效果也很明显。春季萌芽前枝干喷施 2%～3%的尿素液可弥补树体贮藏营养不足，促进萌芽开花和新梢生长，展叶后喷施 0.2%尿素加 0.2%磷酸二氢钾或其他配方复合肥（每 10 天喷 1 次，连喷 2～3 次），对扩大叶面积和增加叶厚度都有较明显的作用，有利于幼旺树尽早成花。花期喷洒 0.3%的尿素和 0.3%硼砂，可明显提高坐果率，促进果实发育。

叶面喷肥的注意事项：一是根外追肥只是果树施肥的辅助性措施；不能代替土壤施肥，只能作为补充；二是应避开降雨和高温，以免降低效果和引起“肥害”。夏季应在温度较低时进行；三是要细致周到，喷布均匀，重点喷叶背面。

三、灌水与排水

1. 灌水

（1）花前水　在萌芽至开花前（3月中下旬）进行。主要是满足展叶、开花的需求。此时灌水可以降低地温，延迟开花，有利于防止晚霜危害。据调查，花前灌水和不灌水的，开花初期可相差3～5天。若早春干旱，效果更为明显。

（2）硬核水　硬核期是果实生长发育最旺盛的时期（5月初至5月中旬前）。这一时期正值果实迅速膨大，果核迅速增长至果实成熟时的大小，胚乳也迅速发育，对水分的供应最敏感。此期若土壤含水量不足，幼果则发育不良，易早衰脱落。因此，这一时期的灌水要勤，一般2次，量要足。据在山东烟台黏壤土樱桃园测定，当根系主要分布层的含水量下降到11%～12%时，就会发生“柳黄”落果，所以在10～30cm土层的土壤含水量下降到12%以前时，要立即灌水。据调查，在沙壤土上，以毛把酸为砧木嫁接那翁的成龄树，80%的根系分布在20～40cm土层中；中国樱桃在冲积性壤土上，根系主要分布在20～35cm土层中。土层浅或深，根系分布也会随之或浅些或深些。据大紫樱桃园的试验表明，在硬核期灌水的比不灌水的可减轻落果26.1%～29.2%。

（3）采前水　果实采收前（5月下旬至6月初）是果实第二速长膨大期，灌水与否对果实产量和品质影响极大。采前灌水有增大果个，增加果实可溶性固形物（大紫比不浇水提高2.8度）含量和提高品质的重要作用。必须指出，采前水要在硬核水的基础上浇灌，如果前期长期干旱，突然在采前灌大水，有时反而引起裂果，特别是容易裂果的品种。

（4）采后水　果实采收后，正值树体恢复和花芽分化的重要时期。此期应结合施肥进行灌水，为翌年打下基础。

灌水方法，一般采用畦灌。有条件时，应提倡采用喷灌。尤其在晚霜来临前，采用喷 2min 停 2min 的间歇喷灌法，可以有效地延迟甜樱桃开花期，避免霜冻危害。

2. 排水　当樱桃园土壤含水量达到土壤最大持水量的100%时，只需 48h，叶片就会开始变黄。因此，樱桃园防涝是一项不可忽视的工作。除了进行节水灌溉，还要开通果园排水系统，使灌入田间过多的水或降雨能及时排出。这项工作应在建园时统筹安排。

挖定植沟时，易涝地块最好沿高低走势挖成定植沟，在较低一端地头挖深 50～60cm 的排水沟，并与各定植沟相通，每年扩穴时也把穴沟与排水沟挖通，以利排水。凡挖定植穴定植的樱桃园最好在 1～2 年内结合扩大穴挖通株间隔埂。

除沙地果园外，其他土质的果园均应整成高垄，垄高30cm 左右，行间的正中央是垄沟，方便排灌。

在黏土地果园，定植时可挖小穴定埴，穴深 15～25cm，以后逐年挖行间的土培在树盘下，3 年后树盘下的活土层比 2 行树中间可高出 30～40cm，根系都生长在活土层，根系生长的地面较高，不易积水。

第六章

樱桃的整形修剪技术

整形修剪的目的是要调节树体与外界环境的关系，主要是合理地利用光能；调节生长与结果的关系，使果树早结果、丰产、稳产，并且延长盛果期。各种树种生长结果习性不同，整形修剪方式、方法也不同。

一、与修剪有关的特性

与其他树种相比，大樱桃生长发育有其独有的特点，了解并掌握这些特性，对于合理运用各种树形和修剪方法很有必要。

1. 大樱桃萌芽率高，而成枝力相对较低　一年生枝除了基部几个瘪芽外，大部分芽萌发。在自然甩放的情况下，一般只有先端1～4个芽可抽生中长枝。幼树期间，芽量大，成形快，有利于早结果、早丰产。整形修剪要充分利用这些特性，采用轻剪为主，促控结合，迅速扩大树冠，促进花芽形成，及早投产。

2. 芽具早熟性　背上新梢留5～10cm反复摘心或进行扭梢处理，当年即可成花。在大樱桃整形过程中，要积极运用夏剪措施，提早成形，促进花芽分化和结果枝组的培养。

3. 结果枝上花芽是纯花芽，顶芽是叶芽　由于甜樱桃结果枝上的花芽是纯花芽，开花结果后不再发芽。因此，在短截修剪时，不能把剪口芽留在花芽上；否则，这种无芽枝上结的果营养差，果个小，品质差，同时结果以后就会死亡，变成干桩。所以，在短截结果枝、回缩结果枝组时，都要注意顶端必须是叶芽。

4. 内膛结果，对光照要求高　甜樱桃以内膛短果枝、花束枝结果为主，要求内膛光照充足，花芽分化好，结果枝短而粗壮，才能丰产、稳产。但由于外围枝生长旺盛，特别是在短截过多的情况下，外围枝量大，枝条密集，形成上强下弱，内膛郁闭，光照不足，使内部小枝、结果枝组衰弱、枯死，内膛空虚。因此，控制外围枝量，开张角度，保证内膛光照，是进入结果期整形修剪的重要措施。

5. 幼龄期生长势很强，顶端优势明显　幼树生长快是樱桃的特点，萌芽和成枝力都很强，生长量很大，树冠扩大很快。旺盛枝条生长直立，顶端优势明显，表现出外围长枝不论短截与否。顶部易再抽生出多个长枝，而其下大多数为短枝，很少有中等枝，自然生长则形成强枝和弱枝的两极分化，强枝不断向高处生长，争夺阳光和养分；下部 2～3 年生短枝会迅速死亡，呈现下部光秃的局面，而这些短枝正是最容易转化为结果枝的枝条。因此，幼龄期的樱桃树削弱顶端优势，是整形修剪的主要任务。

6. 伤口愈合能力较弱，剪口容易向下干枯　樱桃伤口愈合时间长，同时容易流胶，引起伤口溃烂。因此，在修剪时不宜大拉大砍，形成大伤口。由于樱桃枝条组织松软，导管粗，剪口容易失水，形成干桩，使剪口留的芽枯死。所以修剪时期，除幼树需要缠塑料条的地方要早剪外，其他冬季不抽条的地区要晚剪，一般在芽萌发以前进行，这时修剪后，剪口不会干缩，剪口芽能很快萌发。另外，要及时利用摘心来代替冬季短截，注重夏季修剪，减少冬季修剪量。

7. 枝条分枝角度小，易形成“夹皮枝” 随着枝龄的增长，夹皮处形成一些死组织，引起流胶，在人工整形时，此处极易劈裂。在修剪时，可采用极重短截清除同龄枝，或抹去剪口下 2～4 芽的做法消除夹皮枝。

二、主要树形及整形方法

1. 自由纺锤形 这是近年来大樱桃主产区幼树整形修剪中应用最多的树形，具有整形容易、结果早、丰产的优点，适合于密植栽培。

其结构特点：干高 40～50cm，树高 3m 左右，中干直立挺拔，其上分层或螺旋着生 15～20 个单轴延伸的主枝，主枝夹度下层为 80°～90°，上层为 90°～120°，基部主枝长 150～200cm，中上部主枝长 100～150cm。主枝上一般不培养侧枝和大控制枝。

整形过程：定植后 60～70cm 定干，保留剪口下第一芽，其下 2～4 芽抹去。当年夏剪对选留的主枝新梢开角至 70°～80°，或于 9 月份将其拉至 70°～80°。第二年春季芽萌动时，中干延长枝剪留 40～60cm，具体剪留长度根据下部选留的主枝数量和中干强弱而定，下部主枝多、中干强的可剪留长些，下部主枝少、中干弱的剪留短些，保留剪口下第一芽，其下 2～4 芽抹去。中干上的芽每隔 4 芽进行刻伤，促发分枝。对选留的主枝缓放或去顶，不行短截。生长季节，主枝上发生的竞争枝、背上直立枝，及时扭梢、摘心、捋枝加以控制，中长枝扭梢促其成花。中心干延长头短截后发出的枝任其生长，至9月份拉至80°～90°。第三年的整形修剪同上一年，背上枝生长强旺时，可喷150～200倍的PP333控势促花。经过3年的修剪，自由纺锤形可基本完成。之后根据树高和主枝长势情况在适当部位落实开心，控制树高，树体整形可基本完成。

自由纺锤整形时对树势要求较高，树势越强旺，越易培养，成形越快，树形也越理想。这种树形一旦大量结果，树势很易衰弱。因此，要加强土肥水管理，山坡地土壤比较贫瘠的地块不宜采用，成形后修剪量小，但要保证每个主枝延长枝始终是混合枝。若为中短果枝，则就回缩复壮。

2. 细长纺锤形　具中心干，定植后在苗高80cm处定干，定干剪口下形成第一层主枝，故干高实际只有50～60cm。成形后树高3～4m，冠幅2.5～3m。树高和冠幅根据行距来定：行距4m，树高3～3.5m；行距5m，树高3.5～4 m。中心干基部第一层有3个主枝，其上均匀轮状着生长势相近、水平生长的15～20个主枝。基部3个主枝基角和腰角80°，梢角70°，其他主枝和营养枝近水平状，梢部略向上翘。树体下部冠幅较大，上部较小，修长，呈细长纺锤形。该树形适于株行距2～3m×4～2m整形技术。

3. 小冠疏层形　具中央领导干，干高40～60cm，中心干上着生6～8个主枝，分三层。第一层主枝3个，每个主枝上着生2～3个侧枝，主枝开角60°～70°，侧枝角度60°～80°。第二层主枝2～3个，开角45°～60°，每个主枝上配备1～2个侧枝，侧枝开角 50°～70°。第三层主枝 1～2 个配备侧枝，直接着生结果枝组。一二层主枝间的层间距为 70～80cm，二三层主枝间的层间距为 60～70cm。

小冠疏层形的整形方法：定植后，60～70cm 定干，保留剪口下第一芽，抹去剪口下 2～4 芽，第一年选生长健壮、方位好的新梢作主枝，长至 60cm 时留 50cm 摘心，一般能分生 2～3 个新梢。至 9 月份将主枝拉至应有角度，不作主枝的大枝拉至 80°～90°。第二年春季修剪时，中干延长枝留 40～60cm 剪截，发生的新梢留方向好的 2～3 枝选作第二层主枝培养，当其长至 60cm 时摘心促发侧枝，第一层主枝在第一侧枝上 30～40cm 中截，选留第二侧枝，第二侧枝在第一侧枝对面。对辅养大枝可于芽萌动进行刻芽，刻两侧和背后芽，不刻背上芽。至 4 月份，对第二层枝进行拉枝，留作主枝的拉至 45°～60°，其余拉至水平。第三年春季骨干枝的修剪同第二年，生长季节中干延长枝发出的新梢不行摘心，单轴延伸，培养 1～2 个主枝。至此，树体整形已基本完成。

4. 改良主干形　这是一种类似雪松的树形，其特点是中心领导干优势明显，干高 50～60cm，其主干上配备 10 多个单轴延伸的主枝，可以分层或不明显分层，呈螺旋形着生在主枝上，角度呈水平，在主枝上着生大量的结果枝组，树高一般 3m 左右，栽植密度低时，可高一些，密植园要矮一些。

改良主干形，树体结构简单，容易培养，主枝单轴延伸角度容易开张，树体光照好，容易成花，结果量多，内膛光照好，品质也好，是目前美国、日本等国广泛采用的树形。

整形过程：定植后留 65cm 定干，第一新梢保持直立生长，培养中央领导干，第二个芽为竞争枝，应该抹去，下面留

3～4 个不同方向的新梢。长到 30cm 时，用牙签开张角度。

当中央新梢生长到 40cm 时，进行摘心，培养高一层主枝。如果中央新梢生长不太强时，则不摘心，第一年冬季修剪时，中央领导干延长枝剪留 40～60cm，具体剪留长度可根据下部选留主枝数量而定，下部主枝达 3～5 个时，剪留长些，下部主枝少于 3 个时，剪留要短一些，对选留主枝，只要开张角度，不再短截。第二年生长季，中央领导干生长旺时，在 40cm 处进行摘心，生长不旺不摘心，主枝延长枝不摘心，其他枝连续摘心，一般长 10cm 摘心，培养结果枝组。第二年冬季修剪时同第一年，这样中心干通过短截和摘心增加了主枝数量，主枝不断向四周延伸，使树冠逐年扩大，为了保证下部枝的光照，要求主枝之间不能重叠，互相错开，由于下部主枝生长期比上部主枝长，加上能保证光照条件，所以树形能保持一个塔形。以后如果树高已经达到合适高度，也可以将顶梢剪去，不再延伸。

5. 自然开心形 这种树形与一般桃树树形相似，无中央领导干，干高 30～40cm，全树培养 3～4 个主枝，开张角度 30°～40°，每个主枝上留有 2～3 个背斜或背后侧枝，向外侧插空排列，开张角度 70°～80°，主枝和侧枝上再培养大小不同的结果枝组，树高控制在 3m 左右，树冠呈扁圆形或圆形。这种树形的树冠开张，结果量大，内膛光照好，果实质量高。

整形过程：第一年春季，定干高度 50～60cm，留 3～4 个不同方向生长的主枝，当主枝长到 40～50cm 时摘心，使主枝分出侧枝。第二年冬季修剪时，如果有直立的中心干则剪除，选定主枝和侧枝，留 40cm 左右短截，生长季每个侧枝，留延长枝头外，其他枝留 15cm 摘心。并通过连续摘心来控制生长，促进形成结果枝。第三年春季发芽之前，再调整角度，侧枝不够的还进行短截；侧枝已够，不再短截。夏季继续通过摘心来培养结果枝组。

6. 丛状形 无主干和中央领导干，从近地面处分生出4～5个主枝，主枝上直接着生各类结果枝组。

整形方法：定植后留20～30cm定干，当年既可发出3～5个主枝，当主枝长到40～50cm时，留30～40cm摘心，促发二次枝，防止内膛光秃。第二年春，对主枝根据生长势情况进行短截，不足70cm长的枝，缓放不剪，任其生长。超过70cm的枝，留20～30cm短截，剪口芽一律留外芽。第三年春剪时只对个别枝进行调整，生长季节对旺枝连续摘心，增加枝量，其余枝条缓放不动，3年即可完成整形。

丛状形具有成形快，骨干枝级次少，树体矮小，结果早，抗风力强，不易倒伏，管理方便。缺点是寿命较短，适于丘陵山区。

7. 篱壁形 和葡萄的双臂立架相似，将甜樱桃的枝条绑在铁丝架上，形成篱壁形，这种方式在发达国家几乎所有果树都广泛采用。

篱壁形的优点：枝条角度开张，光照条件好，由于控制了顶端优势，下部结果枝形成早，发育好，能提早结果，提早丰产和稳产，品质优良，同时结果部位集中，采摘省工。

整形过程：定植后留60cm定干，萌发的新梢重点留5条，顶端为中心干，下部留4个为第一层主枝，如果主枝不足4个，则在新梢长到30cm时，对生长旺盛的新梢进行摘心，促进分枝。第一年冬季修剪时将下部1～4个主枝分别捆绑在第一层铁丝上，不短截，中心干留50cm短截。第二年生长期由于中心干顶端优势明显，短截后萌发主枝，生长旺盛再保留中心干，并选留 4 个第二层主枝，如果主枝不够，可在 20～30cm 处对旺枝摘心，促进分枝，以增加主枝数量。第一层主枝保持前端枝继续延伸，其他小枝连续控制生长。第二年冬季修剪和第一年一样，将第二层主枝分别捆绑在第二道铁丝上，中心干再在 50cm 处短截，到生长季再培养 4 个主枝，以后捆绑在第三层铁丝上，不再留中心干，形成 3 层 12 个主枝的篱壁形。

8. 圆柱形　圆柱形树体的结构特点：干高 30～40cm，树高 2.5m，中干直立，直接着生螺旋状均匀分布的 15～20 个大型结果枝组，结果枝组基角开张至 85°～90°。这种树形整枝简单，容易掌握，适合高密度栽植的果园采用。

圆柱形的整形过程：选用壮苗，定干高度 60～70cm，抹去剪口下 2～4 芽，当年萌发的新梢选最上部、生长势强的枝作中干延长枝，其他各侧生新梢留 10cm 摘心，中干延长枝留 20～25cm 进行摘心，9 月份将侧生新梢拉至水平。第二年春季萌芽时，对中干延长枝进行短截，剪留 40～60cm，抹去剪口下 2～4 芽，从中干延长枝基部开始，每隔 4～5 芽选择不同方位刻芽促枝。对已有的结果枝组的延长技进行重截，促发新枝。如结果枝组的延长枝过旺，可去强留弱。夏季继续对中干上萌发的新枝进行摘心，摘留长度同第一年。第三年春季，中干延长枝剪留 60～80cm，中干上继续进行刻芽促枝，夏季进行摘心。3 年即可成形。

三、修剪方法

1. 冬季修剪　樱桃枝条组织疏松，导管粗大，休眠期修剪早，剪口极易失水，影响剪口芽的生长。因此，大樱桃最好在萌芽前修剪。修剪方法主要采用短截、缓放、回缩、疏枝等。

（1）短截　剪截去一年生枝的一部分称短截。根据短截的程度不高，可分为轻、中、重、极重 4 种。剪去一年枝条的 1/4～1/3 的称为轻短截，可削弱顶端优势，降低成枝力，缓和外围枝条的生长势，增加短枝数量，提早结果。在一年生枝条中部饱满芽处短截，剪去原枝长的 1/2 的称中短截。中短截有利于增强枝条的生长优势，增加分枝量，一般可抽生出 3～5 个中、长枝。在成枝力弱的品种上多利用中短截增加分枝量，对中心干和主侧枝延长枝幼树期间多用中短截。剪去一年生枝 2/3 左右称为重短截，能促发旺枝，提高营养枝和长果枝的比例，在幼树期间，为平衡树势多采用重短截。在枝条基部留 4～5 芽的短截为极重短截，中心干延长枝的竞争枝常采用极重短截控制其长势，利用背上枝培养小型结果枝时，第一年生极重短截，第二年对发出的强旺枝再次极重短截，中、短枝可缓放形成结果枝组。

幼树期间尽量少用短截，对于骨干枝上过长的延长枝，可进行轻、中短截，以利在适当的部位抽生分枝。对于部分过密的长枝，在适量疏枝的基础上，少量可用重或极重短截，第二年再用摘心等复剪措施培养结果枝组。对于一部分背上直立的强枝和强的中枝，也可采用极重短截培养结果枝组。对于长势偏弱的成龄树，可适当采用中短截，减少生长点，促进长势，一部分长果枝和混合芽，可采用轻、中短截，提高坐果率。

（2）缓放　对一年生枝条不进行任何修剪，任其自然生长，这种修剪技术称为缓放，又称为长放。缓放是大樱桃幼树与初果期树整形修剪过程中常用的修剪方法。通过缓放可以缓和树势，减少长枝数量，有利于花束状短果枝的形成，促进花芽形成，提早结果。缓放技术使用时要灵活运用，幼树期间主要缓放中枝和角度较大的枝，而直立强旺枝和竞争枝因其缓放后，长势旺，加粗快，必须将其拉至水平或下垂状态后再行缓放。同时缓放应掌握幼树缓平不缓直，缓弱不缓旺；盛果期树缓壮不缓弱，缓外不缓内的原则。

（3）疏枝　把一年生或多年生枝从基部疏掉称为疏枝。在樱桃采收以后，一般在 6 月下旬至 7 月上旬进行。疏枝可以调整树体结构，很好地改善树冠内部的通风透光条件，同时疏枝可以均衡树势，削弱或缓和顶端优势，促进骨干枝中后部枝条的生长发育和后期花芽分化。疏枝主要是疏去影响树冠内部通风透光严重而又无保留价值的强旺大枝、过密的辅养枝、无用的徒长枝、细弱枝及病虫枝等。据调查，采果后进行修剪的成龄甜樱桃园，增产效果可达 1 倍。但樱桃树不可一次疏除过多的粗枝，尽量不疏或少疏大枝，以免造成过多、过大的伤口而引起流胶或伤口干裂，削弱整个树势。疏除大枝的最佳时间是在果实采收后的 6 月中下旬。

（4）回缩　剪去或锯去多年生枝的一段称为回缩。适当回缩，能够促进枝条转化、复壮长势，促使潜伏芽萌发，主要用于结果枝组复壮和骨干枝复壮更新上。回缩的对象一般是生长过弱的骨干枝或缓放多年的下垂枝、细弱枝，后部光秃的、需要更新复壮的结果枝组。对一些内膛、下部的多年生枝或下垂缓放多年的单轴枝组，不宜回缩过重，应先在后部选择有前途的枝条短截培养，逐步回缩，待培养出较好的枝组时再回缩到位。否则，若回缩过重，因叶面积减少，一时难以恢复，极易引起枝组的加速衰亡。

2. 夏季修剪 是指从春季萌芽至秋季落叶以前这一时期的修剪，主要修剪方法：刻芽、摘心、扭梢、拿枝、拉枝等。夏季修剪减少了新梢的无效生长，调节骨干枝角度，改善光照条件，使树体早成形、早成花、早结果。

（1）刻芽 在芽的上方 0.5～1cm 处或芽的下方 0.5～1cm 处，人为刻一道横向的伤口，刻透韧皮部，深达或部分伤及木质部，这种修剪技术称为刻芽。刻芽能够提高樱桃的萌芽率和成枝力，并有利于形成健壮的中小型结果枝组。刻芽多用于大樱桃幼树整形和弥补缺枝。刻芽多在大樱桃芽膨大期进行，在芽的上方 0.5～1cm 处，用钢锯条横刻一下，长度大于或等于芽体最宽部位。刻芽只要刻中干延长枝需要发枝部位的芽，一般每间隔 2～3 个芽刻 1 个侧芽，背上芽和背后芽不刻。

（2）摘心 在新梢木质化以前，摘除先端的幼嫩部分称为摘心。摘心可控制枝条旺长，增加分枝级次和枝量，加速扩大树冠，促进枝条向结果枝转化，有利于幼树提早结果，同时提高座果率和果实品质。甜樱桃摘心根据时间不同可分早期摘心和生长旺季摘心两种。早期摘心，一般在开花后 7～10 天内进行，对幼嫩新梢保留 10cm 左右摘心，摘心后，除顶端发生 1 条中枝以外，其他各芽均可形成短枝，主要用于控制树冠和培养小型结果枝组。生长旺季摘心，一般在 5 月下旬至 7 月中旬进行，对新梢保留 30～40cm 摘心，主要用于增加枝量。若甜樱桃的树势较旺盛，摘心后的副梢仍很旺，也可进行连续摘心 2～3 次，能促进形成短枝，提早结果，但一般不要晚于 7 月下旬，否则新梢不充实易受冻而抽干。

（3）扭梢　在新梢半木质化时，用手捏住新梢的中下部反向扭转 180°，使新梢呈水平或下垂状态，这种修剪技术称为扭梢。经扭梢的甜樱桃枝条生长势缓和，中上部积累养分多，顶芽和侧芽均可获得较多的养分，有利于花芽分化。扭梢的最佳时间是在 5 月下旬至 6 月上旬新梢长至 20～30cm 且尚未木质化时进行。用手握住枝条基部 5～10cm 处，轻轻扭转 180°，伤及木质部和皮层但不折断，将背上直立枝、竞争枝及内向的临时性枝条扭成水平或下垂状态。扭梢时间不宜过早，也不宜过晚。若过早，新梢因未半木质化，组织嫩弱，容易折断，且因叶片少，不利于形成花芽。若过晚，枝条已木质化而脆硬，不易扭曲，用力过大容易折断，造成死枝。

（4）拿枝　用手对旺梢自基部到顶端逐段捋拿，伤及木质部而不折断，这种修剪技术称为拿枝。拿枝是控制一年生直立枝、竞争枝和其他壮营养枝生长的有效方法。拿枝一般在 5～8 月皆可进行，具体操作方法是从枝条的基部开始，一只手将新梢固定，另一只手开始折弯，然后向上每 5cm 弯折一下，直到先端为止。如果枝条长势过旺，需如此连续进行数次，枝条即能弯成水平或下垂状。经过拿枝，改变了枝条原来的姿势，削弱了顶端优势和生长势，有很好地缓势促花作用。

（5）拉枝　用铁丝、绳等将枝条拉至所要求的方位和角度称为拉枝，坠枝、别枝、圈枝等统称为拉枝。通过拉枝，可以开张主枝角度，缓和顶端和先端优势，改善光照，促使中后部多出短枝，促进花芽分化，提早结果，防止结果部位外移。拉枝一般在 6 月采收以后进行。拉枝开角，树体反应比较温和，背上不易冒枝条。一般用草绳、麻绳或塑料绳等物，在末端绑上木桩埋入地下，上端拴上木钩，或垫上废布、废胶皮等物，将被拉枝拉开角度。拉枝角度主枝与侧枝以60°～70°为宜，其他枝条可拉到80°～90°。幼树早拉枝，一般定植第二年即开始，因甜樱桃分枝角度小，过晚拉枝易劈裂流胶。拉枝时应防止大枝劈裂，也要防止因拉枝的支撑点过高，被拉的枝中部向上拱腰，造成腰角小和冒条现象。拉枝的同时需配合刻芽、摘心、扭梢等措施，以增加发枝量，减少无效生长。

四、结果枝组的培养

1. 小型结果枝组的培养 当一个结果枝所处的空间较小或在主枝的先端及背上时，宜培养成小型结果枝组，方法是在生长季节进行连续摘心或扭枝，然后缓放，背上的强旺枝冬季进行极重短截，促发水平枝或斜生枝，生长直立的枝拿枝处理。

2. 大中型结果枝组的培养 当一个枝处的空间较大时，冬季修剪先行中短截，一般能萌发3～4个枝，夏季对背上枝扭梢，水平或斜生的中长枝连续中度摘心，短枝缓放，第二年冬对强旺枝重或极重短截，中、短枝缓放。

五、不同年龄时期树的修剪

1. 幼龄树的修剪 幼龄期树一般指从定植到少量结果前这一时期，3～4年，这个时期的主要修剪任务是培养树体结构，尽快扩大树冠，培养结果枝组，平衡树势，尽快完成幼树整形工作。

（1）定植后第一年的修剪 苗木定植第一年，要经历一个

“缓苗期”，长势一般不很旺盛。在这一年里，要根据整形的要求，进行定干，并选留好第一层主枝。

定干高度，要根据种类品种特性，苗木生长情况，立地条件及整形要求等确定。培养开心自然形时，定干高度 20～40cm；培养自然纺锤形时，定干高度为 65cm 左右。一般成枝力强、树冠开张的种类和品种及平地、砂地条件下，定干宜高些；成枝力弱、树冠较直立的种类和品种，以及山丘地条件下，定干高度可稍低。定干后的苗木，发芽前，要在苗干近地面处，绑缚喇叭形纸套，上端扎紧，下端开口，以防大灰象甲爬到苗干上食害初萌发的嫩芽。

定干后，一般可抽生 3～5 个长枝。冬季修剪时，要根据发枝情况选留主枝。培养开心自然形时，要先选留好 2～4 个长势健壮、方位角度适宜的枝条，作为主枝。定干后的剪口枝进行重短截，及早开心，剪留长度 20cm 左右。选作主枝的枝条，剪留长度一般为 40～50cm。强枝宜稍短，弱枝可稍长。

培养主干疏层形时，要先选留定干剪口下的直立壮枝，作中央领导干，剪留长度 50cm 左右。再从其余枝条中，选留 2～3 个生长健壮、方位角度适宜的，作为主枝，剪留长度 40～50cm。

培养自由纺锤形的，要拉开主枝角度至近水平状态，中干延长枝的剪留长度，一般为 50cm 左右。

定干后的苗木，如果分枝部位很低时，则可参照开心自然形的选枝要求和修剪方法，培养为丛状形。

（2）定植后第二年的修剪　经过 1 年“缓苗”之后，定植后第二年的大樱桃幼树一般可以恢复生长，并开始旺盛生长，在这一年里，要采取生长期修剪的措施，控制新梢旺长，增加分枝级次，促进树冠扩大。通过休眠期修剪，继续选留、培养好第一层主枝，开始选留第二层主枝和第一层主枝上的侧枝。

生长期修剪的具体方法，6月中旬前后新梢速长期，当新梢生长长度达到20cm时，用手掐去嫩梢前端，使新梢加长生长暂趋停顿，促进侧芽萌发抽枝。如果新梢加长生长仍很旺盛时，可每隔20～25cm，连续摘心几次。

休眠期修剪的具体方法，要根据幼树的生长情况灵活运用。如果第一年已选足了第一层主枝，并且经过第二年生长期摘心，分枝较多时，培养开心自然形的，即可在离主枝基部60cm的部位，选择1～2个方位角度适宜的枝条，培养为一二侧枝，培养自由纺锤形的，要在维持中干延长枝剪留长度50cm左右的同时，切实控制好竞争枝和主枝背上的旺长枝。

如果第一年没有留足第一层主枝，或者生长期摘心、分枝较少时，则要先选足第一层主枝，根据情况选留侧枝。

（3）定植后第三年至第五年的修剪　要根据整形的要求，继续选留、培养好各级骨干枝，要利用拉枝、撑枝等方法，调整骨干枝的开张角度，要维持好树体的主从关系，注意平衡树势，继续搞好新梢摘心，并开始培养结果枝组。

中干延长枝剪留40～60cm，抹去剪口下2～4芽，一般能抽生3～5个长枝，方位、角度适宜的，可选作主枝，斜生、中庸枝条，缓放或轻短截，促使形成花芽结果。大樱桃干性强，生长迅速，幼树期间要切实维持好树体的主从关系，均衡树体长势，特别是在培养小冠疏层形和自由纺锤形时，要严格防止上强，采用自由纺锤形整枝的，至3年生可基本完成整形。此后，可视树高适时开心，主枝长势强的，开心宜迟；主枝长势弱的，宜及早开心。

2. 初果期树的修剪 各种树形自3～4年开始，即可进入初结果期，这个时期的修剪需做到以下几点。

（1）完成树冠整形 在建园时，往往苗木质量不高，或北方冬季抽条等原因，幼树生长不快，整形期间没有培养出树形，对于这样的树，要继续通过冬季修剪，对中心干或主枝进行适度短截，选择适当部位侧芽或叶丛枝刻伤促萌，培养新的主枝和侧枝。对于树体高度已达到3m，下部主枝或侧枝长势已趋中庸健壮的树，可以在顶部一个主枝或顶部一个侧生分枝上落头开心。对于角度偏小或过大的骨干枝，仍需要通过拉枝或撑吊予以调整。在主枝之间生长不平衡时，生长较旺的主枝角度要拉大一些，生长差的主枝角度适当拉小一些。对于整形期间选留不当、过多过密的大枝，以及骨干枝背上的大枝，要及时疏除。

（2）扩大树冠，增加结果部位 主要是通过开张角度扩大树冠，使树势由旺变为中庸，为高产优质打基础。

（3）培养健壮的结果枝组 根据不同品种的生长结果习性，采取相应的方法培养结果树组。成枝力弱的品种，多选择骨干枝背上或两侧的中强枝条培养结果枝组。具体方法：第一年留20cm重短截，翌年对先端枝条再短截作枝组带头枝，其下的枝条，过密者疏除，弱枝缓放，中庸枝条中短截促生分枝。第三年，疏除先端的强旺枝，缓放下部的中、弱枝。上一年缓放形成叶丛枝和中、弱枝，可在弱分枝处缩剪。这样培养的结果枝组，枝轴粗壮，枝组紧凑，分枝多，经济寿命长。成枝力强的品种利用中强枝培养结果枝组时，也要先行重短截，翌年发枝后，对新梢摘心促生分枝；第四年，疏除先端强枝，缓放中、弱枝条，培养为结果枝组结果。

3. 盛果期树的修剪 大樱桃七八年生后，进入盛果期，修剪的主要任务是保持中庸、健壮、稳定的长势，维持合理的群体结构和树体结构，维持结果枝组和结果树良好的生长结果能力。此期的修剪任务有以下几点。

（1）保持中庸健壮的长势 这是稳产、丰产、优质的基础，盛果期壮树有几个主要指标：其一是外围新梢生长量为30cm左右，过长则过旺，过短则过弱，枝条充实，芽饱满。其二是多数花束状枝或短果枝上有6～8片莲座状叶，叶面积较大，叶片厚，叶色深绿，花芽饱满。其三是全树枝条长势均衡，没有局部旺长或过弱的表现。在修剪上要防止多头延伸，稳定枝量和花芽数量，对于骨干枝头是放还是缩，主要看后部的长势和结果能力，如果结果枝组和结果枝长势好，结果能力强，则外围选留壮枝继续延伸；如果结果枝组和结果枝长势弱，则外围枝要选留偏弱的枝延伸。对一局部旺长部位要清除旺枝，去强留弱，去直留平，抑制生长。

（2）维持合理的群体结构和树体结构 前面讲到，要保持树体一定的大小，使果园覆盖率稳定在75%左右，不超过80%，这时对骨干枝头要缩放结合，对可能出现扰乱树形的枝条要及时剪除，要保持开张角度，使内膛通风透光。

（3）维持结果枝组和结果枝良好的生长结果能力 对延伸型枝组来说，只要其中轴上的多年生短果枝和花束状果枝莲座叶发达，叶片较大，叶腋间形成的花芽饱满，坐果率高，果实发育良好，即表明该结果枝组及其上的结果枝可以连续结果。对这种枝组可采用缩放修剪法予以维持，放时中庸枝带头，不必短截，缩时轻回缩到2～3年生枝段上，选中庸枝或偏弱的中枝带头，以保持稳定的枝芽量。当枝轴上的多年生短果枝和花束状果枝叶数减少，叶片变小，叶腋间的花芽也变小，坐果率下降时，则要及时轻回缩，选偏弱枝带头或“闷顶”不留枝头，以适当减少枝芽数量，维持和巩固中后部的结果枝。切忌重回缩，减少结果部位，降低结果能力。

对分枝型枝组来说，则要根据中、下部结果枝的结果能力，经常在枝组先端2～3年枝段处缩剪，促生分枝，增强长势，用缩、放的办法，增加中、长果枝和混合枝的比例，维持和复壮枝组的生长结果能力。

4. 衰老期树的修剪　樱桃树的寿命一般在30年后进入衰老期，树冠呈现枯枝，缺枝少叉，结果部位远离母枝，生长结果能力开始明显减退，产量下降。

此时期的修剪任务主要是及时更新复壮，重新恢复树冠。因为樱桃的潜伏芽寿命长，大、中枝经回缩后容易发生徒长枝，对引发的徒长枝选择合适的部位进行培养，2～3年内便可重新恢复树冠。在截大枝时，如在适当的部位有生长正常的分枝，则可在分枝前端回缩更新，促进分枝的生长，同时可保留一定的结果部位。大枝回缩后，在回缩部位一般能抽生出几个萌条，要从中选择一个长势健壮、方位适宜的留作更新枝，并及时调整好角度。多余的萌条要抹除，以促进更新枝的生长。待更新枝长到50cm长时，适时摘心，促发二次枝，一般枝条延伸2年后，前端生长延缓，后部枝即开花结果，花束状果枝、短果枝比幼树容易形成。对于更新的老树一般不必考虑树形，只需尽早恢复树冠，延长结果年龄。老龄樱桃树最好先进行地下更新，而后再进行地上更新。所谓地下更新，就是挖沟施肥时有目的地切断其根系，使老根断后，长出新根，并增施肥水，以利根系的更新生长，根系吸收能力提高后，又能促进地上部分生长。

六、密植园樱桃树的修剪

现在发展甜樱桃，大多是密植园，1 亩地一般在 50 棵以上，保护地栽培达 100 棵以上，由于甜樱桃树在正常的情况下，树冠很大。因此，在修剪上必须保持小树冠，才能达到丰产、稳产。

1. 充分利用光能，提高光合作用效率 密植园在前几年比稀植园植株多，叶面积大，能及早占领空间，提高了光能利用率。因此，能早丰产。但是随着植株不断长大，树冠之间就会连接起来，形成郁闭的樱桃园，光照条件就会恶化。因此，植株必须保持小树冠，使树冠之间有一定空间，才能提高光合作用的效率。

甜樱桃结果部位在树膛内部，而樱桃果实着色也需要光照。因此，内膛光照好，有效叶幕层大，光合作用积累营养多，结果部位多，结果量大，产量高，品质好。相反，郁闭的密植园和树体结构差的密植园，有效叶幕层小，光合作用积累营养少，结果部位少，产量低，品质差。

2. 树冠的扩大 幼龄树要求及早扩大树冠，占满空间，提高总体光合作用的效率。扩大树冠，首先要增加生长量，通过合理的肥水管理，使幼树加速生长，在修剪上主要是短截和开张角度。

（1）冬季短截修剪 短截可分为轻、中、重和极重 4 种。剪去枝条 1/4～1/3 称为轻短截，剪去 1/2 的称中短截，剪去的 2/3 的称重短截，剪去 3/4～4/5 的称极重短截。总的来说，短截修剪，可以促进新梢的生长，增加长枝的比例，减少短枝的比例，扩大树冠。比较起来，中、重短截萌发的新梢生长最旺，分枝数一般 3～5 条，不同品种、不同部位的枝条有所区别。

（2）开张枝条角度　开张角度可以迅速扩大树冠，增加内膛光照，同时可以削弱枝条的顶端优势，促进下部小枝的发育，提早形成花芽和开花结果。开张角度的方法有拉枝、拿枝、捆枝、撑枝等，最好在生长期进行，因为生长期枝条比较软，容易操作，同时必须在幼树阶段进行，大树枝条很硬，同时容易劈裂，引起流胶等病害。

3. 树冠的控制　幼树生长 3～4 年时，即要控制树冠的扩大，以免果园郁闭，下面介绍控制树冠的方法。

（1）绳子代替剪子　当幼树形已基本形成后，冬季修剪发育枝一般不要短截，但是对于直立枝即便不短截，顶端也能长出几根分叉的旺枝，必须用改变角度的方法来控制顶端优势，缓和生长势，使下部短枝有允分的光照和营养条件，形成各类结果枝。对于树体外及树体内部的发育枝，一般都不必用剪子，可用绳子来捆绑。使其平生并向有空的地方绑缚。一般小枝可以捆绑在其他枝条上，这种方法比扭梢拿枝的效果为好，应用也比较简易，好掌握。

（2）新梢摘心　未成形的幼树，在生长季，利用摘心来增加枝量，也可以用摘心来控制生长，促进结果。基本成形的幼树，对于生长旺盛的新梢可以全部摘心，一般留 10～15cm 长摘心，1 年可摘 2～4 次，到秋季新梢停滞生长为止。

（3）回缩修剪　对于盛果期的樱桃树，新梢生长势减弱，有些枝条下垂，树冠中下部出现光秃现象，为了改善光照，减少大枝上小枝的数量，使养分、水分集中供应留下的枝条，回缩对恢复树势很有利，使结果枝组得到更新复壮。

（4）施用生长抑制剂　应用生长抑制剂——多效唑（江苏省建湖农药厂等生产），能有效地抑制营养生长，缩短新梢生长长度，抑制副梢的发生和生长，而使枝条节间缩短，生长粗壮，同时加大干周增长，促进植株矮小。多效唑对开花结果有明显地促进作用，使花芽增加，花芽密集，坐果率提高。多效唑一般可用于3～4年生的树，1～2年生的幼树不宜施用，以免形成小老树，盛果期也不宜施用，以免影响果实的膨大。对于生长过旺的大树，也适宜用多效唑。

多效唑的施用方法，可以土施或喷施：土施可在3月份新梢萌芽前，每棵幼树用2～3g、15%的多效唑，旺的大树可用5g。在树冠外围垂直的地面上开浅沟，拌土施入，而后结合进行春季灌水。叶面喷洒一般在6月份，花芽分化前期，浓度为1 000mg/L。土施比喷施反应更明显，作用可达2～3年。一般生长旺盛的幼树土施1次后即进入结果期。以后不必连年施用，从免影响正常的生长发育，影响果实的品质。

（5）以果压树　营养生长与生殖生长是一对矛盾：营养生长过旺影响开花结果，生殖生长旺盛，即开花结果多时，影响营养生长。所以，当需要控冠的时候，要多开花结果，来控制树冠，高产树的树冠内部不长发育枝，外围发育枝可以从基部剪除，使全树枝条都是结果枝，达到以果压树来控制树冠的扩大。

第七章

樱桃的花果管理技术

一、花期授粉

大樱桃大多数品种需要异花授粉，即使有一定自花授粉能力的品种，也是异花授粉结实率高，同时大樱桃的开花期较早，常受到低温等不良天气影响。因此，栽培上为确保坐果，除建园时需合理配置授粉树外，每年花期都应进行辅助授粉，以促进坐果。

1. 人工授粉　大樱桃花量大，不适宜人工点授。生产上当前可采用制作两种授粉器，在不需要采花取粉的情况下进行人工授粉：一种是球式授粉器，即在一根木棍或竹竿（长短根据需要而定）的顶端，缠绑一个直径5～6cm的泡沫塑料球或洁净纱布袋，用其在授粉及被授粉树的花序之间，轻轻接触擦花，达到既采粉又授粉的目的。球式授粉器适用于在分枝型结果枝组上授粉，但工作效率较低。另一种是棍式授粉器，即选用一根长1.2～1.5m，粗约3cm长的木棍式竹竿，在一端缠上50cm长的泡沫塑料，泡沫塑料外包一层洁净纱布，形成柔软的棍棒状授粉器。取粉和授粉时用其在不同品种的花朵上滚动，也可达到既采粉又授粉的目的。棍式授粉器适合于单轴延伸型结果枝组上应用，工作效率很高。棍式授粉器也可用鸡毛掸子代替。自盛花期开始，人工授粉一般要进行2～3次，以保证开花期不同的花朵都能充分及时授粉。据山东福山、莱山等地的应用，花朵坐果率一般可提高10%～25%。

2. 利用昆虫访花授粉

（1）壁蜂　壁蜂在春季活动早，活泼好动，授粉效率高。壁蜂有角额壁蜂、凹唇壁蜂、紫壁蜂等多种，生产上以前两种为主。角额壁蜂在日本又称小豆蜂，是日本果园用作传花授粉最广泛的一种昆虫。1987年由中国科学院生防室从日本引进，现已在山东烟台、威海等地推广。壁蜂具有春季活动早（3月下旬至4月初），当温度低时蜜蜂一般不出来活动，而壁蜂适应能力强，活跃灵敏，传花频率高，繁育、释放方便等特点，是大樱桃园传花授粉昆虫中的一个优良蜂种。一般在樱桃开花前5～7天释放，将蜂茧放在果园提前准备好的简易蜂（巢）箱里，每公顷果园放蜂1 500～3 000头，放蜂箱15～20个。蜂箱离地约45cm，箱口朝南（或东南），箱前50cm处挖一条小沟或坑，备少量水，存放在穴内，作为壁蜂的采水场。一般在放蜂后5天左右，蜂从茧中出来，出巢活动，此时正值大樱桃始花期，壁蜂出巢活动传花时间，也正是大樱桃授粉的最佳时刻。每头壁蜂每天能授粉上万朵花，效果很好。

（2）蜜蜂　蜜蜂大多为人工饲养，随着春季气温升高，蜜蜂即飞出来采蜜。因此，在樱桃园放蜂，既有利于樱桃授粉，又有利于蜜蜂的生长和繁殖，并能增加收入，要求在即将开花前，将蜂箱放入樱桃园内，对于强壮的蜂群，每10亩地放一箱蜂，如果蜂群弱，要增加蜂群的数量。蜂箱上要盖草帘，进行保温，蜂箱前放一盆水，天气干旱时蜜蜂需要喝水。

在天气正常，风和日丽时，蜜蜂大量出来活动，授粉效果很好。坐果率能达到20%以上，增产效果很明显，也很省工，但花期不能喷药，以免伤害蜜蜂及其他访花的昆虫。

3. 其他有关辅助措施　花期前后喷尿素或低浓度的赤霉素，有助于授粉受精，提高坐果率。据山东烟台的果农试验，在大樱桃盛花期前后，喷洒2次或1次0.3%的尿素液，那翁花朵坐果率较对照分别高12.9%和5.9%；大紫分别提高21.8%和11.9%。花期前后喷低浓度的赤霉素效果也很好。据烟台芝罘区卧龙村在红丰、那翁两个品种上的试验，分别在盛花期和落花后喷2次40～50mg/L的赤霉素，花朵坐果率大大提高，红丰比对照提高3.7倍，那翁比对照提高2.4倍。另外，在盛花期喷0.3%的硼砂或磷酸二氢钾，对提高坐果也有明显效果。

二、疏花疏果

大樱桃果个大小和果实品质，与叶面积之间呈正相关关系。因此，对于长势较弱、花果数量多的树，有必要疏除多余的花蕾和幼果。

1. 疏蕾　疏蕾，一般在开花前进行，主要是疏除细弱果枝上的小花和畸形花。每花束状果枝上，保留2～3个饱满壮花蕾即可。试验表明，在一定的疏花程度范围内，随着疏花程度的增加，结实率和单果重均相应提高。疏蕾，尽管在改进果实品质方面有显著作用，但毕竟操作比较麻烦、费力。因此，最宜在冬季修剪剪除弱果枝的基础上，配合进行。

2. 疏果　疏果，一般是在5月中旬大樱桃生理落果后进行。疏果的程度，依树体长势和坐果情况确定。一般是1个花束状果枝留3～4个果实即可，最多4～5个。疏果时，要把小果、畸形果和着色不良的下垂果疏除。试验表明，疏果后，株产提高12%～22.7%，单果重增加3.8%～15%，花芽数量多，发育质量较好。疏果配合以新梢摘心措施，这些效应可进一步提高，株产提高44.9%，单果重增加48.3%，花芽数量多，发育质量好。

三、预防裂果

甜樱桃是北方落叶果树中经济效益最高的树种之一。近年来，各地甜樱桃栽植规模不断扩大，而甜樱桃成熟前遇雨裂果问题，一直是影响其果实品质和经济效益的重要因素。

裂果是果实发白至接近成熟时，久旱遇雨或突然浇水，由于果皮吸收雨水增加膨压或果肉和果皮生长速度不一致而造成果皮破裂的一种生理障害。裂果的数量和程度，因品种特性、果实发育阶段、降雨量不同而不同。研究认为，吸水力强、果面气孔大、气孔密度高及果皮强度低的品种，如红灯、艳阳、布鲁克斯等裂果重。甜樱桃裂果主要发生在果实第二次迅速生长期至成熟间，裂果指数随着单果重的增加而增加。此期若土壤湿度不稳定，比如久旱遇雨或突然灌大水，由于果皮和果肉的吸水膨胀率不一致，易造成裂果。引起裂果的途径有两条：一是遇雨或大雾，果实表皮接触雨雾吸水膨胀引起裂果；二是久旱遇雨或突灌大水，从根系吸水使果实膨胀裂果。裂果严重降低其商品价值。因此，在生产上要采取措施减轻和防止裂果。

1. 选用较抗裂果品种　在易发生裂果的地区，可选用黑珍珠、萨米脱、拉宾斯等比较抗裂果的品种。也可根据当地雨季来临的早晚，选用雨季来临果实已经成熟品种或中早熟品种，如早生凡、红灯、美早、岱红、早大果、桑提娜、早红宝石、意大利早红、芝罘红等。

2. 维持相对稳定的土壤含水量　研究表明，当樱桃根系主要分布层的含水量下降到10%～20%时，易发生落果现象。如果这种情况出现在第二次果实迅速膨大期，遇有降雨或灌大水时，就会发生裂果。因此，大樱桃园10～30cm深的土壤含水量下降到田间最大持水量60%以前，需要浇水，应少水勤浇，严禁大水漫灌。有条件的果园采用喷灌、滴灌设施，效果更好。同时进行树盘覆地膜，尤其黑地膜，既能控制杂草生长，又能保持土壤湿度相对稳定。总之，维持土壤含水量相对稳定，是防止裂果的关键。

3. 叶面喷施钙肥　钙能提高果实果皮韧性，促使细胞壁的发育，从而提高果实的抗裂能力。坐果后至成熟前，每隔7天叶面喷施0.3%的氯化钙或氨基酸钙，连喷2～3次，能减轻甜樱桃裂果。

4. 利用防雨篷进行避雨栽培　搭建防雨设施是防止甜樱桃裂果的最有效途径。防雨设施搭建不同于暖棚和凉棚，其搭建方便，成本低廉，易于推广。可根据实际需要选择钢管、水泥柱或木头为支架，用竹竿或钢绞线、钢丝做连接，然后覆盖聚乙烯薄膜或可随意拉动的防雨绸、聚乙烯篷布等。目前，试验推广的有“三线拉帘式”、“四线拉帘式”、“塑料固定式”和“三线固定式”等不同形式的防雨棚。搭建防雨设施不仅能够有效减轻果实裂果，而且在花期前后可以预防早春霜冻。

“四线拉帘式”简易防雨防霜棚，以主钢管做防雨棚骨架，钢绞线做棚架之间连接衬托，防雨绸做覆盖物。每两行树建一个防雨棚，在行间沿行向每隔 15m 左右设一根中间立柱，地下埋 50～60cm，棚的高度依树高而定，一般棚顶离树体0.5～1m 的空间。两边立柱较中间立柱低 80cm 左右，形成一个坡度，防止雨天积水。用钢绞线做骨架的连接和衬托，中间立柱拉 2 根钢绞线，相隔 15～20cm，两边立柱各拉 1 根钢绞线，然后覆盖防雨绸，防雨绸两边有安全扣，直接挂在钢绞线上，可以自由拉动。在斜梁上下每隔 50cm 拉钢丝，作为防雨绸的托线和压线。晴天时将防雨绸收紧、固定，雨天将防雨绸拉上、遮盖。为降低成本，也可用圆木或水泥柱作为防雨棚骨架。该棚型结构牢固，操作方便，省工省力。

四、预防鸟害

成熟的大樱桃果实色泽艳丽，口味甘甜，常常引起鸟的危害，特别是有成片树林附近的樱桃园受害更重。国外预防鸟害的方法较多，如美国大田樱桃园采取的措施：采收前 7 天在树上喷杀虫剂来梭威，使害鸟忌避；用扩音机播放录音有害鸟惨叫声的录音磁带，来惊吓鸟类；用高频警报装置干扰鸟类的听觉系统。庭院樱桃采用的措施：在树的前后左右悬挂黑线，鸟因不能看黑线，接触时便受惊飞去；在樱桃园内悬挂稻草人或用塑料制作的猛兽形象挂在树上；把发光的马口铁或锡箔放在树上随风摇曳，惊吓害鸟。但这些办法，时间长了，往往收效甚微。最常用最有效的方法是架设防鸟网，即在每棵树冠上架设网罩，将树体保护起来，效果最好，但投资较大。

五、预防霜冻

由于樱桃春季开花早，始花期多在当地晚霜期之前，同时樱桃花耐低温的能力差，容易遭受低温晚霜危害，造成减产。因此，在花期要注意天气预报，做到及时预防，最大限度地减轻损失。从立地条件看：受北风侵袭的北坡地受霜害较重，南坡轻；山下较轻（开花期晚）；低洼地较重，岗平地较轻。所以，在建园时要选择受霜害较轻的地块。从管理来看，树势健壮的抵抗力强，受霜害较轻；衰弱的较重；一般秋季病虫害严重，引起早落叶的往往霜害严重，所以要及时防治病虫害，加强肥水管理。在预防上有以下几种办法。

1. 早春灌水可以降低地温，延迟萌芽和开花，可能避开晚霜的危害。

2. 根据天气预报，在霜冻前 1～2h 喷水，靠水分凝结散热。提高园内小气候的温度。

3. 用熏烟法，即在花期夜间温度下降到 2℃时，点燃草类或作物秸秆。草类可半干半湿，点燃后烟雾弥漫，一般在樱桃园多设几个燃草点，使烟雾连成一片，一直到太阳出来为止。熏烟对防霜效果较好，燃烧后的草灰可均匀撒在树盘里，以增加土壤养分。

第八章

樱桃的病虫害防治技术

一、主要病害及其防治

1. 樱桃褐斑病

（1）症状　主要危害叶片，也可危害新梢和果实。发病初期，大樱桃叶片表面出现针头大小的褐色斑点，以后扩大为圆形褐色斑，边缘红褐色或紫红色，直径 1～5mm。随着黄褐色斑点的增多扩大，后期叶片发病处产生离痕，病斑脱落，留下穿孔病状，边缘整齐。新梢和果实上的病斑与叶片上的病斑类似，空气湿度大时，病部也产生灰褐色霉状物。该病引起早期落叶，严重时可导致秋季开花和产生新叶，导致树势衰弱。

（2）侵染规律　病原菌主要以菌丝体在病落叶等病组织内越冬，也可以子囊壳越冬，翌年春季气温回升并遇降雨时，产生子囊孢子或分生孢子，借风、雨或气流传播侵染叶片，一般 5～6 月份开始发病，7～8 月进入发病盛期。发病轻重与树势强弱、降水量多少及立地条件等有关，树势弱、降雨量多而频繁，地势低洼，排水不良，树冠郁闭，通风透光差的果园，发病重；反之，则轻。不同品种间，以大紫、小紫和红蜜等发病较重，佐滕锦、那翁和雷尼等发病轻。

（3）防治方法　施磷、钾肥、有机肥，以增强树势。现可用磷酸二氢钾叶面喷肥。

冬季或早春，结合修剪彻底清除病叶、落叶，剪除病枝，集中烧毁，在樱桃休眠期，最好在春节后芽萌发前全树喷洒5波美度石硫合剂。

落花后至采果前，根据降雨早晚和降雨量的多少，喷布1～2次70%代森锰锌可湿性粉剂600倍液，75%百菌清可湿性粉剂500倍液，或70%甲基托布津可湿性粉剂1 000倍液，每7～10天喷洒一次，应用3次最好；采果后，喷2～3次180～200倍的等量式波尔多液。

2. 樱桃细菌性穿孔病

（1）症状　发病初期叶片上出现半透明水渍状淡褐色小点，扩大成紫褐色至黑褐色圆形或不规则形病斑，边缘角质化，周围有水渍状淡黄色晕环。病斑干枯，病、健交界处产生一圈裂纹，病斑脱落形成穿孔。有时数个病斑相连，形成1个大斑，焦枯脱落而穿孔，其边缘不整齐。果实染病形成暗紫色中央稍凹陷的圆斑，边缘水渍状。天气潮湿时，病斑上常出现黄白色黏质分泌物；干燥时，病斑及其周围常发生小裂纹，严重时产生不规则大裂纹，裂纹处常被其他病菌侵染而引起果腐。枝条染病后，一是产生春季溃疡斑，发生于上年已被侵染的枝条上，春季当新叶出现时，枝梢上形成暗褐色水渍状小疱疹块，可扩展至1～10cm，但宽度不超过枝条直径的1/2，有时可造成枯梢现象。春末表皮破裂，病菌溢出，开始蔓延。二是产生夏季溃疡斑，夏末在当年嫩枝上产生水渍状紫褐色斑点，多以皮孔为中心，圆形或椭圆形，中央稍凹陷，最后皮层纵裂后溃疡。夏季溃疡斑不易扩展，但病斑多时，也可致枝条枯死。

（2）侵染规律　病菌在落叶或枝条病组织（主要是春季溃疡病斑）内越冬。翌年随气温升高，潜伏在病组织内的细菌开始活动。樱桃开花前后，细菌从病组织中溢出，借助风、雨或昆虫传播，经叶片的气孔、枝条和果实的皮孔侵入。叶片一般于5月中、下旬发病，夏季如干旱，病势进展缓慢，到8～9月秋雨季节又发生后期侵染，常造成落叶。温暖、多雾或雨水频繁，适于病害发生。树势衰弱或排水不良、偏施氮肥的果园发病常较严重。

（3）防治方法

①加强果园管理。增施有机肥，避免偏施氮肥。注意果园排水。合理修剪，降低果园湿度，使通风透光良好。

②秋后结合修剪，彻底清除枯枝、落叶等，集中烧毁。

③樱桃要单独建园。不要与桃、李、杏等核果类果树混栽。樱桃园应建在距离桃、李、杏园较远的地方。

④药剂防治。发芽前喷5波美度石硫合剂或1∶1∶100倍的波尔多液，或30%绿得宝胶悬剂400～500倍液，消灭越冬菌源。发芽后喷72%农用链霉素可湿性粉剂3 000倍液或硫酸链霉素4 000倍液或硫酸锌石灰液（硫酸锌∶消石灰∶水为1∶4∶240）；采果后，喷1∶1～2∶200倍的波尔多液，可以收到良好的防治效果。每隔15天喷洒一次，连续喷2～3次。

3. 樱桃叶斑病

（1）症状　该病主要危害叶片，也危害叶柄和果实。叶片发病初期，在叶片正面叶脉间产生紫色或褐色近似圆形的坏死斑点，同时在斑点的背面形成粉红色霉状物，后期随着斑点的扩大，数斑联合使叶片大部分枯死。有时叶片也形成穿孔现象，造成叶片早期脱落，叶片一般5月份开始发病，7～8月份高温、多雨季节发病严重。叶柄和果实有时也能受害产生褐色斑。

（2）侵染规律　此病是由一种真菌侵染而引发的病害。病菌以子囊壳等在病叶上越冬。第二年春季转暖后，在子囊中形成子囊和子囊孢子，随风雨传播，造成侵染，潜育期1～2周，表现症状后产生分生孢子，进行多次侵染。一般4月份即可发病，6月梅雨期病害盛发。凡果园管理粗糙，排水不良，树冠郁闭的发病加重。

（3）防治方法

①加强栽培管理，增强树势，提高树体抗病能力。

②冬春季节，彻底清除病枝、病叶，集中烧毁或深埋，消灭越冬菌源。

③发芽前全园喷一次3～5波美度石硫合剂。

④谢花后至采果前，喷1～2次70%代森锰锌600倍液；或75%百菌清500～600倍液，大生M－45 800倍液等，每隔10～14天喷1次；采果后喷布1∶1～2∶180～200倍的波尔多液2～3次，可以有效地控制叶斑病的危害。

4. 樱桃根癌病

（1）症状　樱桃根癌病是根部肿瘤病。肿瘤多发生在表土下根颈部和主根与侧根连接处或接穗和砧木愈合地方。肿瘤先从根部皮孔突起，在幼树主干上也能形成，这与遭受冻害或机械损伤及虫伤等有关。病菌易从伤口侵入，在病原细菌刺激下细胞迅速分裂而形成瘤肿。瘤体椭圆形或不规则形，大小不一，直径0.5～8cm。幼嫩瘤淡褐色，表面粗糙不平，柔软海绵状；继续扩展，瘤体外层细胞死亡，颜色逐年加深，内部组织木质化形成较坚硬的瘤。染病的苗木，早期地上部症状不明显，随病情扩展，根系发育受阻，细根少，树势衰弱，病株矮小，叶色黄化，提早落叶，严重时造成全株干枯死亡。

（2）发病规律　根癌细菌是一种土壤习居菌，在土壤中存活很长时间，依土壤类型、含水量而异，存活时间变化很大，在土壤未分解病残体中可存活2～3年，细菌单独在土壤中只能存活1年，随病残体分解而死亡。雨水和灌溉水是传播的主要媒介，地下害虫、修剪工具、病残组织及污染有病菌的土壤也可传染，带菌苗木或接穗是远距离传播的重要途径。病菌通过伤口侵入，修剪、嫁接、扦插、虫害、冻害或人为造成伤口，病菌都能侵入。影响发病条件有温度、湿度和降水等，冻害与发病关系密切，田间温度18～26℃，降雨多，田间湿度大，病害扩展快，病情严重。受冻害重的樱桃病害也严重。地势与发病关系一般是地势较高的沙壤土病势较轻，地势低洼发病重，碱性土壤有利其发病，华北地区土壤pH7～8，偏微碱性，适合根癌病发生。

（3）防治方法

①加强管理，增强树势，提高抗病能力，适当增施酸性肥料，使土壤呈微酸性，抑制其发生扩展。

②严格检查出圃苗木，禁止从病区调入苗木，淘汰烧毁病苗，选用无病苗木是控制该病蔓延的主要途径，健苗用3～5波美度石硫合剂或用根癌宁（K84）生物农药30倍液浸根30min。

③对已患病植株，用利刀将癌瘤切除干净，伤口用K8430倍液或5波美度石硫合剂涂抹保护。最后每株再灌根癌宁（K84）30倍液或10%双效灵200倍液。

5. 樱桃根颈腐烂病

（1）症状　危害根颈部，以后逐渐蔓延到较粗侧根的基部，病部先出现水浸状褐色病斑，皮层组织受到破坏，逐渐溃烂，后蔓延扩大，最后形成层腐烂。导致树势衰弱，花量增多，但坐果率甚低，果个变小，致使整树死亡。

（2）侵染规律　真菌病害，该病多发生在5～15年生初果期树和初盛果期树，病菌由根颈部的伤口侵入，逐渐向地下根系蔓延。该病的发生与甜樱桃品种、砧木、立地条件及气候条件有关。先锋品种容易生病；小叶类型中国砧木发病重，大叶类型中国樱桃砧木很少发病；用种子繁殖的砧木发病重，用压条繁殖的砧木发病轻；土壤黏重，排水不良的果园发病重；土质疏松，排水透气好的果园发病轻；高温、多雨、多大风的年份，发病重。

（3）防治方法　搞好果园土壤改良和平整工作，使土壤不积涝，保持良好的通透性，以减轻发病程度，防治土壤害虫。做好蛴螬等土壤害虫的防治工作，避免和减轻伤及根系，减少病菌的侵入通道。选用营养繁殖的根系发达的大叶类型中国樱桃作砧木。及时检查树势变弱的植株，发现根部罹病，立即治疗，在病部用利刀纵向平划数道间距3mm左右，深达木质部，涂以50倍的胂平液（1份40%福美砷、0.5份平平加、50份水）连抹两遍，也可用石硫合剂涂抹。

6. 樱桃流胶病

（1）症状　主要危害樱桃主干和主枝，一般从春季树液流动时开始发生，初期枝干的枝杈处或伤口肿胀，流出黄白色半透明的黏质物，皮层及木质部变褐腐朽，导致树势衰弱，严重时枝干枯死。发病原因：一是有枝干病害、虫害、冻害、机械伤造成的伤口引起流胶；二是由于修剪过度、施肥不当、水分过多、土壤理化性状不良等，导致树体生理代谢失调而引起流胶。

（2）发病规律　流胶病是大樱桃的一种生理病害。多从6月份开始发生，采果后，随着雨季的到来，尤其是新梢停长后，经过长期干旱偶降大雨或大水漫灌时，流胶更重，土壤黏重、长期过于潮湿或积水均易引起流胶，偏施氮肥也易引起流胶。枝干病害、虫害、冻害、日烧及其他机械造成的伤口也易引起流胶。

（3）防治方法

①增施有机肥，健壮树势，防止旱、涝、冻害。

②防治枝干病虫害，预防冻害、日烧等，尽量减少机械伤口。

③冬剪最好在树液流动前进行，夏季尽量减少较大的剪锯口，修剪造成的较大伤口涂保护剂。

④发现流胶病，要及时刮除，然后涂药保护。常用药剂有50％退菌特1份、50％悬浮硫5份加水调成混合液，以及用生石灰10份、石硫合剂1份、食盐2份、植物油0.3份加水调成混合液。

7. 樱桃干腐病

（1）症状　樱桃干腐病多发生在枝龄较大的主干和主枝上。发病初期，病部微肿，表面湿润。病斑长形或不规则形，暗褐色，病皮坚硬，常溢出茶褐色黏液，俗称“冒油”。病部常仅限于皮层，衰老树上也可深达木质部。此后，病部逐渐干枯、凹陷，呈黑褐色，并出现较大周缘开裂。发病后期，病部表面生有大量梭形或近圆形的小黑点（分生孢子器或子囊壳），可烂到木质部，枝干干缩枯死。

（2）侵染规律　病原菌主要以菌丝体、分生孢子器和子囊壳在病树皮内越冬，翌春 4 月间产生孢子，病菌靠风雨传播，从伤口、枯芽、皮孔侵入。潜育期 6～30 天。温暖，多雨气候利于发病；高温时，发病受到抑制。该菌寄生力弱，具潜伏侵染特点，树势弱时发病，树势恢复后，该病则停滞扩展；树龄较大，管理粗放时，易发病。

（3）防治方法

①加强综合管理，多施有机肥料，增强树势，提高抗病能力；减少和避免机械伤口、冻伤和虫伤，及时剪除枯枝，涂药保护伤口，防止冻害。

②发芽前喷机油乳剂或 30 倍的石硫合剂，可铲除各种越冬病菌。5～6 月喷 1：2：240 倍的波尔多液 2 次进行树体保护。

③发现病斑及时刮治，并用石硫合剂原液或 50 倍的福美胂液消毒。早春发芽前全树喷布 5 波美度石硫合剂，生长季节喷 1：2：200 倍的波尔多液 2～3 次进行树体保护。

8. 樱桃病毒病

（1）症状　甜樱桃感染病毒病后，不仅影响树体生长，影响产量、品质，也影响树体的寿命。症状常因毒原不同，表现多种症状。整株枝条节间缩短、丛枝；叶片出现花叶、斑驳、扭曲、卷叶、丛生、叶焦枯；枝干裂性溃疡，粗皮；主枝或整株死亡；坐果少、果子小、成熟期参差不齐等。一般减产 20%～30%，严重的造成失收。

（2）侵染规律　樱桃病毒病的毒原主要有带毒土壤、种子、繁殖材料、昆虫和其他感病植物，具有前期潜伏及潜伏侵染的特性，常混合侵染。靠蚜虫、叶蝉、线虫、花粉、种子传毒；此外，嫁接也可传毒。

（3）防治方法

①建园时要选用无毒苗；加强田间管理，增施有机肥料，提高树体抗性。

②选用抗性强的品种和砧木；及时处理田间病株，已经发现或经确认的病株实行严格隔离，病株量少或严重时就挖除。

③发现蚜虫、叶蝉等为害时及时喷洒40%乐果乳油和克毒宝可溶性粉剂800倍液防治，以减少传毒。

二、主要害虫及其防治

1. 红颈天牛 又名哈虫，属鞘翅目、天牛科，是危害大樱桃的重要枝干害虫，以幼虫蛀食树干和大枝为主。前期幼虫先在皮层下纵横串食，后蛀入木质部，深达树干中心，虫道呈不规则形，在枝干中心蛀成孔道，在蛀孔外堆积有木屑状虫粪，易引起流胶，受害树树体衰弱，严重时可造成大枝甚至整株死亡。

（1）形态特征 红颈天牛成虫体长28～37mm，黑色、有光泽，前胸背部棕红色。触角鞭状，共11节。卵长椭圆形，长3～4mm，老熟幼虫体长50mm，黄白色，头小，腹部大，足退化。蛹体长36mm，荧白色为裸蛹。

（2）生活习性 红颈天牛2～3年发生1代，以幼虫在树干的隧道内越冬。春季树液流动后越冬幼虫开始危害，4～6月间，老熟幼虫在隧道内以分泌物黏结粪便和木屑做茧化蛹，蛹期约20天。6～7月间成虫羽化，刚羽化的成虫先在蛹室内停留3～5天，然后钻出。一般多在降雨后出现，喜欢栖息于树干。成虫白天活动，尤其是中午前后更为常见，可远距离飞行寻找配偶和产卵场所。成虫将卵产于主干和主枝基部的翘皮裂缝中，以距地面 30cm 范围内最多。每只雌红颈天牛可产卵 40～50 粒。产卵时先将树皮咬一方形小口，然后将卵产在裂口下。产卵后 10 天卵孵化为幼虫，蛀入皮层内，随虫体增长逐渐深入蛀食，一直在枝干内危害。第一年幼虫多以 3 龄越冬，第二年继续危害，6 月份前后危害最重。

（3）防治方法

①成虫发生期（6 月下旬至 7 月中旬）中午多静伏在树干上，可进行人工捕杀。

②在 6 月上中旬成虫孵化前，在枝上喷抹涂白剂（硫磺 1 份＋生石灰 10 份＋水 40 份），以防成虫产卵。

③在幼虫危害期，当发现有鲜粪排出蛀孔时，用小棉球浸泡在 80％敌敌畏乳剂 800 倍液或 50％辛硫磷 50 倍液中，而后用尖头摄子夹出堵塞在蛀孔中，再用调好的黄泥封口。由于药剂有熏蒸作用，可以把孔内的幼虫杀死。

2. 金缘吉丁虫　串皮虫，属鞘翅目、吉丁虫科。以幼虫蛀入树干皮层内纵横串食危害为主。幼树受害部位树皮凹陷变黑。大树虫道外症状不明显。由于树体输导组织被破坏引起树势衰弱，枝条枯死。

（1）形态特征　成虫体长 20mm，全体绿色，有金属光泽，边缘为金红色故称金缘吉丁虫。卵乳白色、椭圆形，长 2mm 左右。幼虫体长 36mm 左右，腹部细长，全体黄白色，扁平，无足，体节明显。

（2）生活习性　一般一年发生 1 代，以大龄幼虫在皮层内越冬。翌年早春越冬幼虫继续在皮层内串食危害。5～6 月陆续化蛹，6～8 月上旬羽化成虫。成虫有喜光性和假死性，产卵于树干或大枝粗皮裂缝中，以阳面居多。卵期10～15天。孵化的幼虫即蛀入树皮为害。长大后深入木质部与树皮之间串蛀。虫粪粒粗，塞满蛀道。

（3）防治方法

①加强管理，避免产生伤口，树体健壮可减轻受害。

②成虫发生期，清晨利用假死性振落扑杀，或利用成虫趋光性，设置黑光灯诱杀成虫。

③冬季或早春刮除老树皮，杀灭蛀入树皮的小幼虫，或4、5月间，沿虫道（皮部柔软处）用刀挖出皮下幼虫。发现枝干表面坏死或流胶时，查出虫口，用80%敌敌畏乳剂500倍液向虫道注射，杀死幼虫。

3. 梨小食心虫 主要危害大樱桃嫩梢，有时也危害晚熟大樱桃果实。以幼虫从新梢顶端2～3片嫩叶的叶柄基部蛀入危害，向下蛀至木质化处即转移，蛀孔流胶并有虫粪排出，被害新梢先端干枯下垂，严重影响甜樱桃生长发育。

（1）形态特征 幼虫体长10～13mm，淡红至桃红色，腹部橙黄，头黄褐色，前胸盾浅黄褐色，臀板浅褐色。胸、腹部淡红色或粉色。臀栉4～7齿，齿深褐色。腹足趾钩单序环30～40个，臀足趾钩20～30个。前胸气门前片上有3根刚毛。成虫体长5～7mm，翅展11～14mm，暗褐或灰黑色。下唇须灰褐上翘。触角丝状。前翅灰黑，前缘有10组白色短斜纹，中央近外缘1/3处有一明显白点，翅面散生灰白色鳞片，后缘有一些条纹，近外缘约有10个小黑斑。后翅浅茶褐色，两翅合扰，外缘合成钝角。足灰褐色，各足跗节末灰白色。腹部灰褐色。卵扁椭圆形，中央隆起，直径0.5～0.8mm，表面有皱折，初乳白，后淡黄，孵化前变黑褐色。

（2）生活习性 梨小食心虫以老熟幼虫在树干翘皮下、剪锯口处结茧越冬，一般一年发生2～3代。越冬代成虫发生在4月下旬至6月中旬，越冬老熟幼虫多在树干基部接近地面和树干与较粗主枝背面翘皮下做茧。早春成虫羽化后产卵于大樱桃叶的背面，每叶多为1～2个卵，卵期一般4～6天，5月中旬孵化为幼虫危害桃梢，被害桃梢先端枯萎。幼虫5月底即老熟，从枝梢及果实脱出，进行化蛹做茧越冬。6月中旬出现第二次蛾，继续危害嫩梢和果实，主要是此代幼虫危害大樱桃晚熟品种的果实。危害嫩梢的，多为越冬代幼虫的3～4代幼虫。

（3）防治方法

①人工防治：早春发芽前刮除粗翘皮，集中烧毁；8月份在主干上绑草束，诱集越冬幼虫，于冬季取下烧毁。春夏季及时剪除被蛀虫梢烧毁。

②物理防治：在成虫发生期夜间用黑光灯诱杀，或在树冠内挂糖醋液盆、性诱剂诱杀。

③药物防治：越冬茧出土期进行地面防治，用白僵菌粗菌剂70～80倍液喷洒地面后覆草防治食心虫出土幼虫，或用4%敌马粉，每株大树用药0.25kg，喷施于树冠下，然后浅锄入土，杀死出土幼虫。一般隔15天再施一次。

幼蛀害期用灭幼脲3号25%悬胶剂800倍、定虫隆（抑太保）5%乳油1 000～2 000倍、卡死特5%乳油1 000～1 500倍、2.5%功夫乳油2 500倍，以及其他菊酯类农药与有机磷制剂的复配剂等喷洒防治。

4. 绿盲蝽 绿盲蝽是大樱桃产区发生危害日趋严重的一种害虫。若虫和成虫以刺吸式口器危害大樱桃的幼叶和花果，春季大樱桃花芽开绽后，若虫危害正在展开的幼叶，被害叶形成许多不规则孔洞；大樱桃幼果被害后，由吸吮口溢出红褐色胶状物，以后被害果以吸吮孔为中心，开始形成表面凹凸不平的木栓组织，状似果点爆裂，随果实膨大成熟，形成锈疤或硬疔。

（1）形态特征　成虫体长5.0～5.5mm。雌虫稍大，体黄绿至浅绿色，头短，近似钝三角，复眼黑褐色。触角四节，比体驱短，黄褐色，尖端色渐浓，第二节长约为三、四节的总和。前胸前缘广有脊棱，上有微弱的小刻点，前翅绿色，膜质部暗灰色，体背圆凸，胫节刺黑色，卵散产于植物组织内，长1mm左右。初产时白色，后成淡黄色，孵化前靠近卵盖基部左右两侧再现两个红色小点。卵形似茄子，长弯曲圆筒形，端部尖，中前部粗，后部渐细，虫共为5龄，初孵化虫短而粗圆，体色浅黄色，取食后呈绿或黄绿色，3龄若虫开始生翘芽，5龄体色呈绿色，体上有黑色细毛，触角淡黄色，末端渐浓，足绿色，跗节未端与爪黑褐色。

（2）生活习性　一年发生4～5代，以卵在大樱桃树顶芽鳞片内和果园内水分含量较高的植物组织内部越冬。翌年4月上旬冬卵开始孵化，先危害越冬植物的幼嫩梢叶，4月下旬是若虫盛发期，随越冬寄主的老化，大批2～3龄若虫迁徙到大樱桃上危害幼嫩的梢叶。5月上、中旬开始羽化成虫，5月中旬进入成虫羽化盛期，进入5月下旬后，随新梢老化，成虫开始迁徙到组织幼嫩的植物上危害并在此产卵。以后在园内寄主上危害繁殖3～4代，最后一代于9月中旬开始羽化成虫，10月上旬进入成虫羽化盛期，部分成虫开始迁移至果园内，在寄主上危害，并产卵越冬，10月中旬进入产卵盛期，到11月中旬成虫死亡。越冬代成为翌年的虫源。

（3）防治方法　消灭越冬卵。冬前或早春清理果园，清除园内及寄主周围的杂草，结合施基肥和冬刨深埋地下，可消灭寄主上的越冬卵。药剂防治：4 月中下旬（避开花期）在杂草及树上喷布 48%乐斯本乳油 1 200 倍液，或 10%吡虫啉 3 000 倍液。10 月上中旬越冬代成虫产卵期喷布一次 48%乐期本乳油 1 200 倍液或 10%氯氰菊酯 1 500～2 000 倍液，杀死虫卵。

5. 苹果透翅蛾　又名潜皮虫、粗皮虫。此虫以幼虫在枝干皮层蛀食，危害大樱桃多年生较粗的骨干枝为主，受害后蛀道内充满赤褐色液体，蛀孔处堆积赤褐色细小粪便，引起树体流胶，树势衰弱。

（1）形态特征　成虫体长 9～13mm，全体蓝色，有光泽，翅透明，腹部有两个黄色环纹，静止时很像胡蜂。幼虫体长 22～25mm，头部乳白色，常沾有红褐色的汁液。卵椭圆形，乳白色或淡黄色。体上散生短毛，头、尾部绒毛较长。

（2）生活习性　1 年发生 1 代。以幼虫在皮层内越冬，翌年春天继续蛀害皮层。被害部位有红褐色粪便排出。5 月中下旬，老熟幼虫先在被害处咬一圆形羽化孔，然后用木屑、粪便等黏成茧，在茧内化蛹，6～7 月羽化成虫，白天活动，交尾，成虫多在粗皮裂缝、伤口处产卵，孵化后的幼虫蛀入皮层危害，随幼虫成长，使危害部位逐渐扩大。8 月中旬以后，开始停止取食。

（3）防治方法　在主干见到有虫粪排出和赤褐色汁液外流时，人工挖除幼虫，或者在发芽前用 50%敌敌畏乳剂油 100 倍液涂虫疤，可杀死当年蛀入的皮下幼虫。在成虫羽化期喷 80%敌敌畏乳剂 800～1 000 倍液，喷 2 次，间隔 15 天，可消灭成虫和初孵化出的幼虫。

6. 桑白蚧 属同翅目、盾蚧科，又名桃白蚧、桑盾蚧等。危害状主要危害樱桃、李、杏等核果类果树，以若虫和雌成虫群集枝条上刺吸汁液，主要危害大樱桃2～3年枝，被害处稍凹陷，严重时枝条枯萎，甚至全树死亡。

(1) 形态特征 雌成虫体阔椭圆形，扁平，橙黄色或淡黄色，腹部分节明显，每节侧缘突出呈圆形侧瓣。臀板背面约有60个圆柱形腺管，排成两行。臀针3对。生殖孔周围有5组盘状腺孔。介壳近圆形，背面隆起，白色或灰白色，壳点橙黄色，偏于一旁。雄成虫橙黄色或橘红色。前翅1对，膜质，后翅退化成平衡棍。足细长多毛，腹末有1对针头交尾器。雄介壳长形，背面有3条突出的隆脊，白色或灰白色。壳点橙黄色，偏于前方边缘上。卵椭圆形、橙黄色或淡黄褐色。初孵若虫扁椭圆形、淡黄褐色。蜕皮后开始化泌介壳。雌雄明显，雌若虫椭圆形、橘红色；雄若虫体型稍大、暗黄色。

(2) 生活习性 一年发生2～3代，以受精雌成虫在枝条上越冬。第二年4月中旬至5月上旬产卵于介壳中的母体下方或后方，雌虫产卵后即干缩死亡，卵经7～15天孵化，从壳中爬出若虫，分散到枝条芽腋及叶柄处定居取食危害，经过8～10天后虫体上覆盖白色蜡粉，逐渐形成介壳。雄虫在6月成虫羽化，与雌虫交尾后很快死去，雌虫即产卵再产生若虫。在山东1～3代若虫分别出现在5月、7～8月和9月，最后一代雌成虫交尾受精后越冬。

(3) 防治方法 在冬季抹、刷、刮除树皮上越冬的虫体，并用黏土、柴油乳剂涂抹树干（柴油1份＋细黏土1份＋水2份，混合而成），可黏杀虫体。在发芽前喷5波美度石硫合剂。在各代初孵化若虫尚未形成介壳以前（5月中旬、7月中旬、9

月中旬），喷 0.3 波美度石硫合剂，或喷 20%杀灭菊酯乳油 3 000倍液或灭扫利 2 000 倍液。

7. 苹小卷叶蛾　苹小卷叶蛾俗称舔皮虫。幼虫吐丝缀连叶片，潜居缀叶中食害，新叶受害严重。当果实稍大常将叶片缀连在果实上，幼虫啃食果皮及果肉，形成残次果。幼虫有转果为害习性，一头幼虫可转果为害果实 6～8 个，果肉吃成不规则的片状坑洼。

（1）形态特征　幼虫身体细长，头较小、呈淡黄色。小幼虫黄绿色，大幼虫翠绿色。蛹黄褐色，腹部背面每节有刺突两排，下面一排小而密，尾端有 8 根钩状刺毛。成虫体长 6～8mm。体黄褐色。前翅的前缘向后缘和外缘角有两条浓褐色斜纹，其中一条自前缘向后缘达到翅中央部分时明显加宽。前翅后缘肩角处及前缘近顶角处各有一小的褐色纹。卵扁平椭圆形，淡黄色半透明，数十粒排成鱼鳞状卵块。

（2）生活习性　苹小卷叶蛾一年发生 3～4 代，以幼龄幼虫潜藏在老树皮，翘皮、剪锯口四周及潜皮蛾幼虫为害的爆皮中结小白茧越冬。越冬幼虫早春活动时先钻入新萌发的嫩芽为害，长大后将叶片缠缀一起成虫苞，潜居其中食害叶肉，若食料不足转移为害。幼虫非常活泼，第一代成虫产卵全部在叶的表面，卵孵化盛期为 6 月中旬。第二代卵多数产于叶表面，二代幼虫发生期为 8 月上中旬，小幼虫卷叶为害，稍大幼虫潜伏于贴叶果间啃食果皮和浅层果肉。有时也产在果面上。第三代卵多产于果实表面，幼虫发生期为 9 月中旬，于 9 月下旬陆续潜入缝隙越冬。

（3）防治方法

①农业防治．果园建立防护林系统，行间种作物或实行生

草制。5～7月份，刮枝干上粗翘皮、剪虫苞，留单果。全面实施套袋栽培技术，避免二代为害果实。

②生物防治：卷叶蛾天敌有40多种，主要有拟澳洲赤眼蜂、松毛虫赤眼蜂、卷叶蛾平腹茧蜂、卷叶蛾绒茧蜂和多种捕食性蜘蛛等。人工释放松毛虫赤眼蜂，每公顷放蜂（蜂卡）120万～180万头，第一代卵发生期，每株放蜂500～1 500头。

③化学防治：6月份，第一代幼虫发生期，喷25%灭幼脲3号或苏脲1号或25%敌灭灵，均为1 000倍液，或BT青虫菌500～1 000倍液。

8. 舟形毛虫　是杂食性昆虫，幼虫有群集性。先食先端叶片的背面，将叶肉吃光，而后群体分散，将叶片吃光仅剩主脉和叶柄，常造成全树叶片被食光，不仅影响产量，而且易造成二次开花，严重影响树势及来年产量。

（1）形态特征　成虫体长25mm，全体淡黄白色，前翅有不明显的浅褐色波纹，近基部有银灰色和紫褐色各半的斑纹，近外缘有6个同色斑纹。卵球形、黄白色至灰褐色，几十粒或几百粒排列成块产于叶背面。老熟幼虫体长45～55mm，头黑色，背面紫褐色，腹面紫红色，各体节有黄白色的长毛丛，幼龄幼虫静止时，头尾两端翘起，外观如舟，故称舟形毛虫。

（2）生活习性　每年发生1代。以蛹在土中越冬，翌年7～8月羽化出成虫，7月中旬羽化盛期。成虫趋光性强，交尾后产卵，多产在叶背面，雌蛾产卵1～3块，约500粒，卵期7～8天，3龄前幼虫群集在叶背危害，若遇振动，则成群吐丝下垂。3龄以后逐渐分散，食量大增。9月老熟幼虫沿树干爬下，入土化蛹越冬。

（3）防治方法　结合秋翻，春刨树盘，让越冬蛹暴露地面，经风吹日晒失水而死，或为鸟类所食。利用3龄前群集并振动吐丝下垂的习性，进行人工摘除群集的枝叶，将群栖幼虫杀死。利用成虫趋光性，夜晚用黑光灯或频振式杀虫灯诱杀之。幼虫危害期可喷50%敌敌畏乳剂或50%杀螟松乳油或辛硫磷乳油均为1 000倍液，也可喷20%速灭杀丁2 000倍液。幼虫危害期也可喷赤虫菌或杀螟杆菌（每克含孢子100亿个）800～1 000倍液，进行生物防治。

9. 草履蚧　草履蚧属同翅目、蚧科。主要危害樱桃嫩枝和叶片，严重时也危害幼果，以若虫和雌成虫成堆聚集在芽腋、嫩梢、叶片和枝杆上，吮吸汁液危害，造成植株生长不良，早期落叶，降低果实产量和品质。主要分布于河北、山西、山东、陕西、河南等地 。

（1）形态特征　雌成虫体长达10mm左右，背面棕褐色，腹面黄褐色，被一层霜状蜡粉。触角8节，节上多粗刚毛；足黑色，粗大。体扁，沿身体边缘分节较明显，呈草鞋底状；雄成虫体紫色，长5～6mm，翅展10mm左右。翅淡紫黑色，半透明，翅脉2条，后翅小，仅有三角形翅茎；触角10节，因有缢缩并环生细长毛，似有26节，呈念珠状。腹部末端有4根体肢，分别是上腿、下腿。卵初产时橘红色，有白色絮状蜡丝黏裹。若虫初孵化时棕黑色，腹面较淡，触角棕灰色，唯第二节淡黄色，很明显。雄蛹棕红色，有白色薄层蜡茧包裹，有明显翅芽。

（2）生活习性　一年发生1代。以卵在树干基部的土中越夏和越冬；翌年1月下旬至2月上旬，在土中开始孵化。孵化期要延续1个多月。大樱桃树萌芽时，若虫出土后上树聚集危害梢部、芽腋或初展新叶的叶腋。虫体分泌蜡粉，雄若虫蜕皮2次后，集中在根际土壤中，或老树皮裂缝中化蛹。5月上旬垌化为雄成虫，羽化期较整齐，前后2周左右，羽化后即觅偶交配，寿命2～3天。雌性若虫经3次蜕皮后即变为雌成虫，5月下旬至6月上旬，雌虫开始下树入土，先分泌白色绵絮状卵囊，卵产于其中，越夏并越冬。

(3) 防治方法

①园艺防治：在雄虫化蛹期、雌虫产卵期，清除附近墙面虫体。

②生物防治：保护和利用天敌昆虫，例如红环瓢虫。

③药剂防治：孵化始期后40天左右，可喷施25%西维因可湿性粉剂400～500倍液；或喷5%吡虫啉乳油；或50%杀螟松乳油1 000倍液。施用化学药剂，尽量少损伤天敌。

10. 大青叶蝉 又名大绿浮尘子。以成虫和若虫刺吸寄主的枝、梢和叶片汁液，引起叶色变黄，提早落叶削弱树势。成虫产卵在枝条树皮内，造成枝干损伤，水分蒸发量增加，影响安全越冬，引起抽条或冻害，导致枝条死亡，严重时会使幼树整株死亡。

(1) 形态特征 成虫体长7～10mm，体背青绿色略带粉白。前翅蓝绿色，半透明；后翅及腹部背面灰黑色。卵长圆形，稍弯曲。长约1.6mm，乳白色，近孵化时黄白色。若虫初孵灰白色，头大，腹小，3龄后体色转黄绿色，并出现翅芽。

(2) 生活习性 每年发生3代，以卵块在枝干粗皮下越冬。第二年早春孵化，第1、2代危害杂草或其他农作物，第3代9～10月在幼龄樱桃或其他果树林木的树干或苗木上产卵越冬。产卵时，产卵器划破树皮，造成月牙形伤口，产卵7～8粒，排列整齐，伤痕隆起。严重时造成枝条伤痕累累，遍体鳞伤，使幼树或苗木易受冻害，失水转化。成虫趋光性极强。

（3）防治方法　消灭果园和苗圃内及四周杂草，减少危害和繁殖场所。发生危害期，喷布50%对硫磷乳油2 000倍液，80%敌敌畏乳剂1 000倍液或20%氰戊菊酯1 500～2 000倍液，杀死若虫和成虫。利用成虫趋光性，设置黑光灯诱杀成虫。

11. 金龟子类　危害大樱桃的主要有苹毛金龟子和黑绒金龟子。主要以成虫在花期啃食大樱桃树的花蕾、花器、嫩枝、幼芽，苹毛金龟子幼虫取食树体的幼根。花蕾至盛花期受害最重，严重时影响树体正常生长和开花结果。

（1）形态特征

①苹毛金龟子　成虫体长10mm左右。头和胸部背面，均为紫铜色。腹部两侧有明显的黄白色毛丛。翅鞘紫褐色，具光泽，且可透见成V形折叠的后翅。卵椭圆形、乳白色、表面光滑，幼虫体长15mm左右，头部黄褐色，胸、腹部乳白色。

②黑绒金龟子　成虫体长8～9mm，宽5～6mm。卵圆形，全体密被黑色绒毛。卵椭圆形，乳白色，有光泽。幼虫体长16mm左右，头部黄褐色，胸部乳白色，被有黄褐色细毛。

（2）生活习性

①苹毛金龟子　1年发生1代，以成虫在土壤的蛹室内越冬。翌年4月上中旬大樱桃萌芽时，越冬成虫开始出蛰，先在园周围的榆树和柳树上危害。大樱桃花期，转移到樱桃树上啃食花蕾和花朵。发生严重时，会将花和嫩叶全部吃光，成虫白

天活动，中午前后取食最盛。有假死性，无趋光性，成虫危害按树种的开花顺序，依次由樱桃向梨和苹果树上转移。苹果谢花后，开始入土产卵。幼虫孵化后，取食根茎，秋季化蛹，成虫羽化后，当年不出土，在蛹室内越冬。

②黑绒金龟子　1年发生1代，以成虫在土壤内越冬。越冬成虫于3月下旬至4月上旬开始出土，4月中旬为出土高峰，6月份出土结束，出土后先在发芽早的杂草或杨、柳、榆树上，取食幼芽和嫩叶。大樱桃树发芽后，大量转移到樱桃树上，咬食幼芽、嫩叶和花蕾。成虫在傍晚和夜间活动，有趋光性和假死性。谢花后，开始入土产卵。幼虫孵化后，在地下取食幼根，潜伏土中越冬。

（3）防治方法　在成虫发生期，利用其假死性，早晨振动树梢，用振落法捕杀成虫。在发生危害期，用50％锌硫磷乳剂1 500～2 000倍液或西维因可湿性粉剂600倍液，或50％杀螟松乳油1 000倍液均有较好的防治效果。成虫出土前，地面撒施5％辛硫磷颗粒剂，每667m^2撒施2kg，撒后浅锄地面，毒杀出土成虫或初孵幼虫。

12. 朝鲜球坚蚧　以若虫和雌成虫在枝条和叶片上吸食汁液，影响开花、坐果和树体发育。

（1）形态特征　雌成虫介壳半球形，直径3～4.5mm，高3.5mm，初期介壳质软、黄褐色，后期硬化变黑褐色、有光泽。雄成虫体长2mm，赤褐色，有发达的足和1对半透明的前翅。雄虫介壳由蜡质层构成，长椭圆形，薄而有光泽，卵椭圆形，长约0.3mm，粉红色、半透明，附着1层白色蜡粉。若虫初孵椭圆形，体长0.5mm左右，淡粉红色。

（2）生活习性　每年发生1代，以2龄若虫在枝上越冬，外覆有蜡被。3月中旬开始从蜡被里脱出另找固定点，而后雌雄分化。雄若虫4月上旬开始分泌蜡茧化蛹，4月中旬开始羽化交配，交配后雌虫迅速膨大。5月中旬前后为产卵盛期，卵期7天左右；5月下旬至6月上旬为孵化盛期。初孵若虫分散到枝、叶背危害，落叶前叶上的虫转回枝上，以叶痕和缝隙处居多，此时若虫发育极慢，越冬前蜕1次皮，10月中旬后以2龄若虫于蜡被下越冬。全年4月下旬至5月上旬危害最盛。

(3) 防治方法　剪除有虫枝条，或冬春刷除越冬若虫。大樱桃萌芽前，喷布1次5波美度石硫合剂或45%晶体石硫合剂300倍液，或含油量4%～5%的矿物油乳剂，药杀越冬出蛰若虫。若虫发生期，喷布48%乐斯本乳油1 200倍，或10%氯氰菊酯1 500～2 000倍液。

13. 黄刺蛾　黄刺蛾，俗称洋辣子，以幼虫伏在叶背面啃食叶肉，使叶片残缺不全，严重时只剩中间叶脉。幼虫于7月中旬至8月下旬取食危害。幼虫体上的刺毛丛含有毒腺，与人体皮肤接触后，倍感痒疼而红肿。

(1) 形态特征　成虫体肥大、黄褐色，头胸及腹前后端背面黄色；触角丝状，灰褐色，复眼球形黑色。前翅顶角至后缘基部1/3处和臀角附近各有1条棕褐色细线，内侧线的外侧为黄褐色，内侧为黄色，沿翅外缘有棕褐色细线，黄色区有2个深褐色斑；后翅淡黄褐色，边缘色较深。卵椭圆形，表面有线纹，初产时黄白，后变黑褐，数十粒块生。幼虫体长16～25mm，肥大，呈长方形，黄绿色，背面有一紫褐色哑铃形大斑，边缘发蓝；胴部第二节以后各节有4个横列的肉质突起，上生刺毛与毒毛，其中以三、四、十、十一节者较大；气门红褐色，气门上线黑褐色，气门下线黄褐色。蛹椭圆形，黄褐色。茧石灰质坚硬，椭圆形，上有灰白和褐色纵纹似鸟卵。

（2）生活习性　在东北和华北地区1年发生1代，山东为1～2代，河南、江苏、四川、浙江等地为2代，以老熟幼虫在枝条上结茧越冬。1代区成虫于6月中旬出现，幼虫发生期在7月中旬至8月下旬。2代区成虫发生盛期在5月上中旬，第1代幼虫发生期在6月上旬至7月中旬，第1代成虫发生期为7月中、下旬至8月下旬，盛期为8月上、中旬，第2代幼虫为害期为8月下旬至9月中旬。

（3）防治方法

①人工防治：结合冬季修剪将越冬茧剪掉烧毁。利用成虫的趋光性，在6月份用黑光灯诱杀成虫。利用幼龄幼虫群集为害的习性，在7月上中旬及时检查发现幼虫，人工捕杀。

②生物防治：在成虫产卵盛期，可采用赤眼峰寄生卵粒，666.7m^2放峰20万头，每隔5天放1次，3次放完，卵粒寄生率可达90%以上，或在幼虫发生期喷青虫菌1 000倍液。

③药物防治：苏云金杆菌（BT）：500倍喷雾、0.5绿保威乳油1 000～2 000倍、0.2%苦皮腾素乳油2 000倍、灭幼脲3号25%悬胶剂2 000倍。

第九章

樱桃果实的采收、分级及贮运

樱桃是一种高档的鲜食及加工产品，品种繁多，如大紫、那翁、滨库等。品质优良、色泽鲜艳，一般采收都集中在4月底到6月中旬。贮藏保鲜的樱桃一般比晚熟的较耐贮藏。

一、采收时期

樱桃果实采收期正值高温季节，属于鲜果中最早上市的一个树种。适时采收是保证樱桃丰产丰收、提高品质的重要环节。樱桃的早熟品种一般在5月下旬到6月中下旬成熟，果实发育期短，果皮薄，肉质密度不大，常温下极易变质。6月下旬以后成熟的晚熟品种，质地较硬，可贮藏保鲜。所以，根据采收后的用途不同，樱桃果实在采收时期上也有所区别。

1. 用于贮藏保鲜和远途运输 采收后作为贮藏保鲜用的樱桃，一般应选择晚熟的品种，如先锋、那翁、施密特、晚红、晚黄、秋鸡心等品种。晚熟的品种果肉致密，硬度相对较大。适合于贮藏保鲜。采收时应在8成熟左右采收，这样可以减少在运输途中的烂果率，同时可以提高贮藏质量、延长其保鲜时间。

2. 当地鲜销鲜食 鲜食的樱桃一般要求口感香甜，色泽艳丽，果个和单果重普遍偏高。所以，采收应在樱桃完全成熟时采收。选择一些早熟品种，采收后应在最短的时间内销售至消费者手中。由于樱桃自身的某些特性所限制，樱桃在采收时不仅有时间上的谨慎选择，而且对其采收的方法也相对比较严格。两者也直接决定樱桃在销售市场上的价值。

不同地区和不同品种采收时期不同。以山东烟台地区为例，一般大田栽培早熟品种采收期在 5 月下旬至 6 月上旬，中熟品种在 6 月上旬至 6 月中旬，晚熟品种在 6 月中旬至 6 月下旬。不同品种之间可延续 30～40 天。在不同年份往往因气候影响使采收期提前或推迟，一般天气干燥时成熟提前，天气冷凉湿润时，成熟期推迟。另外，一棵树上的果实成熟期也不尽一致，一般树冠上部及外围开花早，果实成熟早；树冠下部及内膛开花迟，果实成熟晚。在采收时要分期分批采收，一般早晚可差 1 周。

二、采收方法

樱桃在采收后无论鲜销，还是加工，其采收方法都是一致的。樱桃的成熟期不一致，在采收时应该分期分批进行，时间最好在晴天的上午 9：00 以前或者下午气温较低、无露水的情况下采收。采收后进行初选，剔除病烂果、裂果和碰伤果。采摘后的樱桃果实不能在太阳的直射下放置。这样不仅影响樱桃果实的贮藏寿命，而且也有损于其商品质量，从而影响其经济效益。

樱桃在采收时最关键的一点就是“无伤采收”。顾名思义，就是在采收时，尽可能地将樱桃果实的损伤减少到最低程度或者无伤。因此，樱桃果实目前还是以人工采收为主。由于樱桃果个小，皮薄，硬度相对较小，在采摘过程中很容易造成伤果。采摘时应用手捏住果柄轻轻往上掰动，连同果柄采摘。在采摘过程中应配置底部有一小口的容器，容器不能太大，而且必须内装有软衬，以减少其机械碰撞。将采摘下的樱桃果实轻轻地放入容器内，往外倒时可以从底部流口处轻轻倒出，做到轻拿轻放。

采收后放置的最好方法是随采随放入冷库中，这样有利于樱桃贮藏质量的提高和贮藏时间的延长。山东省果树研究所研制推广的 YGXZ 型小型移动式挂机自动冷库很适合在产地放置，它整体移动灵活，能够使刚采摘的樱桃及时地得到冷藏处理，从而有效地减少运输途中的烂果率。

三、分级包装、运输

甜樱桃在我国目前栽培面积小，产量不多，所以尚未形成一个规范化的分级标准。在实际操作时可分成三级：最好的可算特级，要求果实个头大，例如红灯要在 10g 以上，颜色深红，果实端正，无畸形果、病虫果、碰伤果；中等的可算一级果，要求果实 8～10g，颜色比特级略差一点，其他要求一样；较差的为二级果，果实 8g 以下，颜色较差，允许有 15％的畸形果及机械碰伤果。在分级时可将特级果和二级果挑出来，剩下的为一级果。甜樱桃是水果中之珍品，采用合适、精美的包装，不仅可减少贮运过程中的损失，而且能保持新鲜的品质，提高美感和商品价值。一般可用手提式纸盒来装，北京顺义高丽营镇把樱桃装入白色泡沫塑料皿中，上面封上极薄的保鲜膜，每皿 0.25kg 或更小的包装，运输时再放入较大的纸箱中。

樱桃是一种极易腐烂、过熟和褐变的果品。不仅采收要求严格，而且运输也不容忽视，无伤采收随之相应的便是无伤运输。无伤运输就是果品在运输的过程中不受到任何损伤。

樱桃在运输时首先要特别注意的是包装，包装时要进行严格的挑选和分级，剔除病烂果和机械伤果，可按照大小、颜色等分级后，将樱桃装在有软衬的容器内或者塑料周转箱内，箱体具有较好的抗外界压力性能。短途运输，大部分运输工具都是小型机械车，分级、包装要做到和上述一样，应该特别注意防止日晒雨淋和捂热，要求通风散热。选择平坦道路，尽量减少颠簸，以免使樱桃受到挤压和碰撞造成烂果。

总之，樱桃果实在采摘后一定是无伤运输及保鲜运输。保鲜运输首先是在樱桃产地将处理后的樱桃果实直接运往销售地点；其次是经过一段时间保鲜后再运往销售地点；再就是销售地周转保鲜库运往销售市场。

四、贮藏保鲜的方法

樱桃贮藏保鲜的方法主要有冷库贮藏法、气调库贮藏法、减压气调贮藏法。

（一）冷库贮藏法

冷库贮藏方法应用较为广泛，有大型的氨冷库、小型的氟冷库。一般来说，贮藏樱桃最适宜也是效果最好的就是小型的恒温冷风库，操作起来简单，投资风险小，耗能少，降温速度快。山东省果树研究所研制并推广的小型挂机自动冷库贮藏樱桃效果很好，本文以此恒温冷库为例叙述冷库贮藏樱桃的方法和步骤。

1. 对恒温冷库进行消毒和降温即入贮前的准备工作　在入贮樱桃前1周左右，检查冷库的各种配套设施。如机组的运转情况，控制系统是否正常，检查完毕后就是冷库的消毒工作，对冷库内的各种设施进行严格系统地消毒。注意，在消毒时应对库内的金属性部分进行保护，用2%～3%的安特福尔敏水溶液进行喷刷。冷库的消毒有硫磺熏蒸法和药剂喷洒法。硫磺熏蒸法操作时严禁有明火出现。用液体药剂喷洒时可用1%～2%的福尔马林、84消毒液、漂白粉等液体将整个冷库内所有的设施用喷雾器将配好的溶液喷洒。将冷库整体消毒完毕后，在入贮前2天左右进行空库降温，要求将整个库体冷透。空库预冷温度在－2℃。

2. 樱桃的贮藏管理　将采收后的樱桃及时进入预冷库，如果没有预冷条件，可直接放入0～1℃的恒温冷库中，分期分批入库，每一次入库量为总库容的1/10。樱桃入库后，工作人员穿上棉衣在冷库内对樱桃进行分级，挑选出病虫果、烂果等。严格剔除不适合贮藏的病果、伤果、过熟果、无柄果和畸形果等不宜贮藏的果实。在将樱桃完成上述工作后，立即对要贮藏的樱桃装袋包装，选择适宜的保鲜袋和保鲜药剂对樱桃的贮藏非常重要。通过实验，一般贮藏樱桃的保鲜袋宜选择0.03～0.05mmPVC樱桃专用保鲜袋，每代所装樱桃重量为1kg效果比较理想，装袋后用绳子将袋口扎紧，放入塑料周转箱内按照所分的类别跺成不同类型的码跺或者依次摆放在架子上。库温稳定在0～1℃。应特别注意长期贮藏保鲜的樱桃千万不要放在纸质包装盒内进行长期保鲜，在出库前可换用包装箱或盒包装出售。

樱桃在贮藏过程中，稳定的库温对樱桃的贮藏质量和贮藏时间影响很大。稳定适宜的低温能够很有效地保证贮藏质量。首先抑制呼吸和病菌的生长，降低新陈代谢速度延缓衰老。其次库温稳定，品温波动就不是很大，一般库温不超过2℃，品温波动不大于1℃为宜，如果库温波动很大而且频繁，袋内会结霜，樱桃在贮藏过程中腐烂率会增大，从而使贮藏质量和时间都会受到影响。

库内的湿度应控制在85%～90%。

（二）气调贮藏法

气调库贮藏是在冷库贮藏的基础上进行的一种贮藏保鲜方法。即是在高二氧化碳和低氧和温度的双重控制下进行樱桃贮藏，对樱桃的贮藏质量和时间都比冷库贮藏效果好。但气调贮藏樱桃也有一定的局限性。首先，从经济造价上就比恒温冷库造价高；其次，由于气调库受气体成分限制比较大，从对樱桃贮藏的质量和时间上考虑，它的出库和进库要求稳定而且量大，在贮藏时，将整库入满后才能调节气体比例（氧：3%～5%，二氧化碳：10%～25%），调节好气体的比例后，在整个贮藏期不能随便将库门打开，如果气体成分比例稍有失衡，则会引起樱桃腐烂率大大增加，贮藏保鲜寿命受很大的影响，恒温冷库就相对比较简单。

气调库贮藏樱桃的方法在入库及温度调节和装袋摆放都和

恒温冷库一样，包括分级、分类。唯一不同的是气调库贮藏樱桃的气体成分的调节。应特别注意，二氧化碳浓度不能高于25%，以免引起二氧化碳中毒和产生异味。

（三）减压气调贮藏法

气调保鲜是基于混合气中相对于空气的低氧和高二氧化碳比例，对鲜活产品和病原微生物的生命活动进行有调控地控制。负压保鲜则是基于空气中各组分含量的绝对量的减小，对保鲜起主要作用的氧限量供应和对有害气体的不断排除。负压气调保鲜则是把气调和负压两种方法相互补充，综合两种效应。即按气调保鲜的方法，把密封库内的气体成分（主要是氮、氧、二氧化碳）维持在要求范围内，然后通过特定装置使密封库内的气压维持在一定的负压状态。

减压气调库贮藏樱桃果实就是将挑选、分级、整理、将袋后的樱桃果实放入减压气调库内，调节好氮、氧、二氧化碳的比例，使库内气体处于一种负压状态，保持樱桃果实的鲜活品质。

参考文献

边卫东．2004．樱桃栽培实用技术［M］．北京：中国农业出版社．

李晓军等．2010．樱桃病虫害防治技术［M］．北京：金盾出版社．

潘凤荣，唐福会．2010．甜樱桃高产优质栽培［M］．沈阳：辽宁科学技术出版社．

邵达元，丁菊凤．1997．大樱桃丰产栽培技术［M］．青岛：青岛出版社．

孙玉刚，王金政．2010．甜樱桃优质高效生产［M］．济南：山东科学技术出版社．

王卫．1998．樱桃优质丰产栽培新技术［M］．北京：中国农业出版社．

吴秉钧等．1998．大樱桃优质高产栽培及病虫害防治［M］．北京：中国农业出版社．

图书在版编目（CIP）数据

樱桃优质丰产高效栽培技术/刘遵春主编．—北京：中国农业出版社，2015.8（2018.6 重印）
ISBN 978-7-109-20896-4

Ⅰ.①樱…　Ⅱ.①刘…　Ⅲ.①樱桃－果树园艺　Ⅳ.①S662.5

中国版本图书馆 CIP 数据核字（2015）第 204373 号

中国农业出版社出版
（北京市朝阳区麦子店街 18 号楼）
（邮政编码 100125）
责任编辑　王玉英

中国农业出版社印刷厂印刷　　新华书店北京发行所发行
2015 年 8 月第 1 版　　2018 年 6 月北京第 2 次印刷

开本：850mm×1168mm　1/32　　印张：4.5
字数：150 千字
定价：25.00 元